2021年
中国植保减灾发展报告

2021 NIAN

ZHONGGUO ZHIBAO JIANZAI FAZHAN BAOGAO

农业农村部种植业管理司
全国农业技术推广服务中心 编

中国农业出版社
北 京

编委会

目录

CONTENTS

附录

第一章 植保植检工作概述

2021年，小麦条锈病、小麦赤霉病、稻飞虱、水稻纹枯病、玉米南方锈病较大区域暴发、局部重度发生，草地贪夜蛾对粮食生产安全构成严重威胁，红火蚁、柑橘黄龙病菌（亚洲种）等检疫性病虫蔓延危害，农田草害危害加重，“虫口夺粮”保丰收任务十分繁重。面对植保防灾减灾的严峻形势，农业农村部及各级人民政府坚决贯彻中央决策部署，认真落实《生物安全法》《农作物病虫害防治条例》，把做好有害生物防控作为粮食稳产高产大事要事来抓，各地各级农业植保部门强化体系自身建设，加强重大病虫、重大植物疫情监测预警，加大绿色防控、农药减量化技术推广力度，积极组织开展防病治虫夺丰收行动和重大疫情阻截防控，及时有效地控制了迁飞性、流行性、区域性重大病虫和检疫性有害生物重发态势，化学农药使用量持续减少，植保防灾减灾成效显著，为全年粮食总产再创历史新高、达到13 657亿斤①发挥了重要支撑作用。据统计，2021年全国农作物病虫害草鼠害发生面积61.15亿亩②次，防治面积78.42亿亩次。经分析测算，因有效防控挽回三大粮食作物产量损失2 858亿斤（小麦、水稻、玉米分别为730亿斤、1 128亿斤和1 000亿斤），占全年粮食总产的22.87%，比2020年多挽回产量损失71亿斤（小麦、水稻、玉米分别为30亿斤、23亿斤和18亿斤）；三大粮食作物实际产量损失为4.19%，其中病虫害损失为2.91%，草害损失为1.28%。

① 斤为非法定计量单位，1斤=500克。全书同。——编者注

② 亩为非法定计量单位，15亩=1公顷。全书同。——编者注

一、加强监测预警，提升重大病虫测报水平

全国农业植保系统紧紧围绕“虫口夺粮”保丰收主责主业，以“当好岗哨、坚守前线”为己任，切实履行监测预警职能，重大病虫害测报标准化、专业化、智能化水平进一步提升。

时时紧盯、周周调度，全力支撑防控决策。针对小麦条锈病、小麦赤霉病、草地贪夜蛾、黏虫、草地螟、水稻“两迁”害虫和稻瘟病等一类农作物病虫害，全国农业技术推广服务中心组织全国病虫测报区域站开展系统监测，在关键时期实施周报制度。各重点蝗区认真组织蝗情排查，开展拉网式普查，云南、西藏、新疆等边境地区加强边境蝗情监测，准确掌握蝗虫出土时间和发育进度以及边境蝗虫迁飞动态。各地植保机构加强二类农作物病虫害发生危害的预测预报，做到早发现、早预警。根据系统监测预警，农业农村部及时向中共中央办公厅、国务院办公厅报送重大病虫害动态信息，并以《种植业快报——病虫害防控专刊》迅速发布重大病虫害发生状况预报，为适时组织开展重大病虫害防控提供科学依据。

动态监测、及时会商，切实做到精准预报。根据越冬病虫基数调查和对气象资料的分析，提前会商并发布小麦、水稻、玉米等主要作物的重大病虫和蝗虫发生趋势。根据全国农区鼠害监测点的系统监测和栽培耕作制度调整态势，及时发布全国农田草害、农区鼠害重点区域发生期、危害程度信息。组织全国测报体系开展一类、二类及突发性病虫害系统监测和田间调查，召开全国和区域性农作物重大病虫害发生趋势会商会，及时预报主要农作物重大病虫害发生动态，并利用广播、电视、官方网站、微信公众号等公开发布，准确预报了春季小麦条锈病跨区大流行、初夏黄淮和华北玉米主产区黏虫局部暴发、初秋长江下游中晚稻稻纵卷叶螟大发生等严峻态势，起到了超前准备、时刻警惕、关键时期及时发动防控的作用。

加快研发、系统试验，创新应用监测预警新技术。组织开展草地贪夜蛾和劳氏黏虫性诱监测、稻纵卷叶螟食诱监测和趋光特异性试验、智能虫情测报灯诱集效果和识别准确率验证等监测工具标准化试验，制定并发布《草地贪夜蛾测报技术规范》（NY/T 3866—2021），推动《农作物病虫害监测设备技术参数与性能要求》以农业行业标准落地，加快监测工具特异化、自动化、标准化进程。开展基于“昆虫雷达—高空灯—地面

灯—图像识别—种群动态模拟”的空天地一体化草地贪夜蛾监测预警系统、基于HYSPLIT的小麦条锈病大区流行预测模型、基于生态型的水稻重大病虫害发生预测模型等3项前瞻性技术攻关，有力提升监测预警技术模型化、智能化、信息化水平。

二、强化绿色防控，提高植保防灾减灾成效

防控农作物病虫危害是减灾保丰收的关键举措。农业农村部认真贯彻落实中央领导指示批示精神，先后召开全国农作物重大病虫害防控工作视频会、小麦条锈病和赤霉病防控现场会、秋粮病虫害防控视频会，组织举办了小麦秋播拌种技术培训班、草地贪夜蛾暨玉米重大病虫害综合防控技术培训班，及时部署农作物病虫草鼠害防控工作，全力打好小麦条锈病、赤霉病、蚜虫“两病一虫”防控突击战，水稻“两迁”害虫、稻瘟病、纹枯病“两虫两病”防控攻坚战，玉米草地贪夜蛾防控阻击战，有力保障了粮食生产安全。按照农业农村部《2021年全国“虫口夺粮”保丰收行动方案》要求，各级农业部门落实属地责任，加大防控人力、物力、资金等方面的保障力度，认真做好重大病虫防控技术指导，组织各地采取联防联控、统防统治等措施，加大病虫害防治力度，降低病虫害危害损失。

各地农业植保机构为了争取防灾减灾主动，及早制定重大病虫害防控预案，提出防治技术对策。针对小麦条锈病、小麦赤霉病、水稻“两迁”害虫、草地贪夜蛾、黏虫等农作物重大病虫重发形势，组织专家研究制定了全国小麦、水稻、玉米、棉花、马铃薯、茶叶等作物重大病虫害和蝗虫、草地螟等迁飞性害虫，以及农田草害、农区鼠害防控技术方案16个，明确防治重点地区和主要靶标，确立防治策略、技术路线和技术措施，带动各地层层制定防控技术具体实施方案，加强技术指导，促进技术落地。针对重大流行性病害、迁飞性害虫，充分利用中央财政病虫防控救灾资金和各地财政补助资金，开展草地贪夜蛾“三区”联防和“四带”布控，将草地贪夜蛾发生面积控制在2 100万亩以下，遏制其暴发危害势头；开展蝗虫可持续治理行动，加强云南、西藏、新疆等中老、中尼、中哈边境地区蝗虫的监测工作，严防黄脊竹蝗、沙漠蝗、亚洲飞蝗迁入我国危害。

全面加强农作物病虫害绿色防控技术集成示范，组织创建全国农作物病虫害绿色防控示范县117个，建立全国性水稻、小麦、玉米、茶叶、蔬菜、水果等作物重大病虫害

绿色防控新技术示范区 20 个，集成示范全程绿色防控技术模式 30 多套，示范面积 200 万亩以上，辐射推广面积 2 000 万亩以上，推动了绿色防控产品和技术推广。突出“三棵菜”等作物病虫害绿色防控，按照农业农村部等七部门关于《食用农产品“治违禁控药残　促提升”三年行动方案》要求，印发了“三棵菜”病虫害绿色防控技术要点，制定了技术规程和行业标准，编印了“三棵菜”病虫害绿色防控技术挂图和手册，为各地开展绿色防控指导提供技术支撑。据统计，2021 年全国农作物病虫害绿色防控面积 11.1 亿亩次，绿色防控覆盖率 46.0%，比 2020 年提高 4.5 个百分点。

三、开展风险监测，助推植物疫情阻截防控

针对国内外种子及农产品贸易与调运日趋频繁和有害生物传播扩散风险增加的严峻形势，加强对境外引进种苗的有害生物风险分析和检疫监管。对从美国、南非、澳大利亚等国新引进的种子、苗木，完成了有害生物风险分析和评估，提出引种检疫监管措施，保障引种安全。对我国近年来口岸截获及局部地区发生的致死粒线虫、实蝇等有害生物开展风险分析，从种类鉴定、危害特性、潜在分布、经济影响等方面开展风险评估，提出监测预警和防控技术方案，为检疫性有害生物监管及名录修订提供有力技术支撑。

针对红火蚁、柑橘黄龙病、苹果蠹蛾等重大检疫性病虫，突出重点地区、重要环节，强化检疫监管和阻截防控，有效遏制了疫情传播、扩散和蔓延。为控制红火蚁的危害，农业农村部会同住房和城乡建设部等九部门建立了红火蚁协作联防工作机制，联合印发《关于加强红火蚁阻截防控工作的通知》，梳理工作清单、明确属地责任、细化任务分工，形成了齐抓共管、各负其责的工作局面。在广东、广西、福建、海南、贵州、云南、江西等地建设红火蚁防控示范区 12 个，引领带动当地科学组织防控。召开 2021 年农业重大植物疫情防控现场会，分析研判疫情发生形势。开展柑橘检疫性有害生物全程防控试验示范，安排部署阻截防控工作。制定梨火疫病菌、马铃薯金线虫、玉米褪绿斑驳病毒等 3 种检疫性有害生物监测调查技术方案，印发柑橘黄龙病、苹果蠹蛾、马铃薯甲虫、梨火疫病等 4 种重大疫情阻截防控方案，指导各地开展监测防控。针对水稻细菌性条斑病，组织各地开展专题调查，进一步明确病害发生区域，尤其是在主要水稻制种区的发生情况，通过召开会议论证，进一步明确其检疫地位，研究水稻种子除害处理

技术措施。

2021 年，办理国外引种检疫审批 12 857 批次，全年经审批引进来自 72 个国家（地区）的农业种子约 5.5 万吨，苗木 11.6 亿株。在北京、上海、广州等 5 家植物检疫隔离场对首次引进或高风险的种苗进行严格控制的基础上，各级植物检疫机构开展跟踪监测调查，重点加强重要种质资源和引进批次多、数量大的主粮作物等种子种苗的监测调查，组织专家赴内蒙古开展牧草疫情调查，及时发现并处置了零星疫情。加强产地检疫和调运检疫，水稻、玉米、小麦等主粮作物产地检疫面积基本达到全覆盖，全年签发产地检疫合格证 5.7 万份，产地检疫面积达 2 741.3 万亩，经产地检疫合格种子 1 252.3 万吨、苗木 322.5 亿株；全年共签发农业植物、植物产品调运检疫证书 34.1 万份，经检疫合格调运种子 254.2 万吨、苗木 65.1 亿株。

四、抓好减施增效，促进农药科学安全使用

紧紧围绕“保供、提质、绿色”三大任务，大力推广农药减施增效技术模式，加大高效低风险农药和先进施药机械试验示范推广，强化抗药性监测治理、科学安全用药指导，推进专业化统防统治发展，化学农药使用量持续下降，农药利用率提高到 41%以上。

以促进农药减量化为目标，组织各地开展新药剂、新剂型、新助剂试验示范 230 多次，筛选出一批环境友好型绿色农药品种及其配套使用技术。在东北稻区、长江中下游稻区、黄淮海麦区以及柑橘主产区建立抗药性治理示范区 100 多个，形成了有效的抗药性治理技术模式。示范推广农药减量控害技术、抗药性综合治理技术、病虫草害综合解决方案、农机农艺融合技术和植保机械标准化模式，建立农药减量增效示范区和粮食作物健康与提质增产示范区 164 个，系统展示和评价不同用药集成方案的增产效果，各示范区化学农药使用总量减少 20%以上。

抓好《农作物病虫害专业化防治服务管理办法》落实，大力推进统防统治专业化服务规范化建设，制定农作物病虫害专业化统防统治覆盖率测算与统计方法，开发专业化防治服务组织信息管理系统，为开展专业化防治服务组织建档立卡奠定了基础。继续组织开展“统防统治百县”创建，促进专业化统防统治工作整县制整体推进。组织召开专业化防治服务推进会，开展全国农业社会化服务创新试点申报，引导防治服务组织由单

一的统防统治向植保全链条、全过程、全生态转变，促进服务方式不断转优、服务链条逐渐延伸、服务效益稳定提升，推动统防统治与绿色防控融合，带动服务能力明显提升、综合效益快速增长。据统计，2021年三大粮食作物病虫草害统防统治面积24.68亿亩次，覆盖率达42.4%，同比提高0.5个百分点。

组织开展“科学认识农药使用”专题宣传，增强全社会安全合理用药意识。制定《种植业农药使用调查方法》，提升调查统计的科学性、规范性，明确我国农药使用现状和安全用药水平。认真实施《农药包装废弃物回收处理管理办法》，选择一些地区农药经营门店和植保社会化服务组织作为试点，进行包装废弃物产生、回收和去向定点调查，并开展农药大包装回收长效机制建设试点，探索建立“统一大包装农药，统一防治服务，农药企业统一回收处理”的农药包装废弃物回收长效机制。组织开展线上、线下相结合的农药科学安全使用宣传培训活动。制定“百万农民科学安全用药活动”实施方案，以粮食作物和大宗经济作物为主线，联合农药行业协会、大型农药械企业线上、线下多渠道广泛开展科学安全用药培训，加快高效安全新农药、新药械及其使用技术应用。据统计，全年组织各类培训近4万场，累计培训910多万人次。

五、重视法规宣贯，增强植保工作发展实力

为做好《生物安全法》《农作物病虫害防治条例》等植保相关新法规全面贯彻，农业农村部举办全国植保植检法律法规宣贯视频培训班，并组织制定配套规章。各地加强贯彻落实植保法律法规及部门规章宣传、培训活动，促进植保体系队伍建设和能力提升。

按照《生物安全法》《农作物病虫害防治条例》等法规要求，农业农村部及各地农业植保部门积极推进植保体系建设。农业农村部在全面网络填报摸底调查基础上，组派8个调研组，邀请全国人大代表、政协委员参加，赴16个省份实地调研，并多次组织专题研讨，分析当前体系建设存在的问题，研究提出“健全专业机构、织牢织密监测预警网络，配齐专业人员、守牢病虫防控哨点阵地，补齐设施设备、提高智能化信息化能力，保障工作经费、做到有兵能打仗”等对策建议。在系统调研和充分征求意见的基础上，农业农村部上报《关于加强基层动植物疫病防控体系建设的意见》，得到中央和有关部门的高度重视，加强动植物疫病防控体系建设的相关内容已写入2022年中央1号

文件。2022 年 1 月，农业农村部、中央机构编制委员会办公室联合印发《关于加强基层动植物疫病防控体系建设的意见》，要求各地压实属地责任，统筹调整基层农业农村部门工作力量，优化存量、补充增量，配齐配强专业人员，全链条做好动植物疫病防控各项工作。

按照《农作物病虫害防治条例》要求，农业农村部组织制定并发布《农作物病虫害监测与预报管理办法》《农作物病虫害专业化防治服务管理办法》，病虫害监测预报部门规章取得零的突破，专业化防治服务组织发展和防治服务行为进一步规范。按照《农作物病虫害防治条例》“分类管理、属地负责”要求，继 2020 年 9 月 15 日农业农村部公布《一类农作物病虫害名录》以来，全国 32 个省级农业农村主管部门（包含新疆生产建设兵团）均公布了各自的二类农作物病虫害名录。据统计，二类农作物病虫害名录中包括害虫、害螨、病原微生物、杂草、害鼠共计 208 种，其中虫害（害虫和害螨）112 种、病害（病原微生物）63 种、杂草 23 种（属）、害鼠 10 种，含检疫性有害生物 25 种（12 种属于全国农业植物检疫性有害生物、13 种属于中华人民共和国进境植物检疫性有害生物），危害范围涉及粮食、棉花、油料、蔬菜、水果、茶树、桑树、糖料等 8 个大类 26 种农作物，基本反映了各区域农作物病虫害的经济重要性和防控实践需求。

积极推进动植物保护能力提升工程建设项目实施、中央转移支付资金使用、部门预算资金管理制度建设，抓好救灾农药储备和投放，进一步改善植保植检工作条件和资金保障，并发挥建成项目作用，大大提升了植保防灾减灾工作手段，增强了植保公共服务能力。

认真开展《国际植物保护公约》履约活动，派员参加国际植物检疫措施委员会主席团会议、国际植物检疫措施委员会会议、标准委员会会议，深入研究公约管理、公约资金筹措等重要议题，系统开展国际植物检疫措施标准评议工作，组织开展联合国粮食及农业组织（FAO）倡议的国际植物健康年宣传活动。中国作为 FAO 发起的全球草地贪夜蛾防控行动的 8 个全球示范国家之一，负责在东北亚地区组织和协调草地贪夜蛾防控行动，分享经验技术并支持朝鲜、日本和韩国三个试点国家的防控行动，顺利完成既定目标和任务，取得明显成效。扎实组织实施中哈合作治蝗、中韩水稻迁飞性害虫与病毒病监测、中俄联合开展马铃薯甲虫监测治理、全球环境基金中国 PFOS 优先行业削减与淘汰项目红火蚁子项目等双边合作项目，推动我国植保植检国际交流与合作稳步发展。

第二章 农作物病虫害发生与监测

一、农作物重大病虫害发生概况与主要特点

（一）水稻主要病虫害

2021 年全国水稻病虫害总体偏轻发生，轻于 2020 年和常年。全国发生面积 7 098.8万公顷次。其中，虫害发生面积 4 942.8 万公顷次，病害发生面积 2 156.0 万公顷次。

1. 稻飞虱

稻飞虱总体中等发生，局部偏重发生，轻于 2020 年。全国累计发生面积 1 634 万公顷次，造成实际产量损失 57 万吨。其中，华南中部、西南东部、江南、长江中游和江淮南部稻区偏重发生，局部大发生；华南、长江中下游稻区和江淮大部稻区中等发生，局部偏重发生；江淮北部稻区偏轻发生。

（1）境外虫源迁入期偏晚、峰期延后。稻飞虱从 3 月初陆续迁入我国南方稻区，分别于 3 月 28 日、30 日在云南、广西监测到首个迁入峰，比 2020 年晚 5～7 天。

（2）灯下虫量偏低，褐飞虱比例高。全国 296 个水稻监测点的稻飞虱全年灯下累计诱虫量 245.8 万头，比 2020 年减少 40.6%，比 2011—2020 年均值减少 55.7%。其中白背飞虱诱虫量 133.8 万头，比 2020 年减少 42.5%，比 2011—2020 年均值减少 63.5%；褐飞虱诱虫量 111.9 万头，比 2020 年减少 38.1%，比 2011—2020 年均值减少 39.3%，褐飞虱占比同比增加 1.8%。稻飞虱在 5 月和 8—9 月出现两个明显的迁飞高峰，5 月上中旬在西南南部和东部稻区，8 月中旬在华南西部、西南南部和东部稻区灯下见明显虫峰，广西、云南、贵州 6 个监测点灯下出现万头以上的诱虫峰。

（3）中晚稻田间虫量大，局部偏重发生。2021 年晚稻发生程度明显重于 2020 年，局部达大发生。其中，长江中下游和江淮稻区总体中等发生。河南沿黄稻区发生盛期在 8 月中旬至 9 月中旬，平均百丛虫量为 218 头；湖北 7 月中旬平均百丛虫量为 450 头，枝江、京山、长阳出现个别“黄塘”（“冒穿”）田块；安徽六（4）代平均百丛虫量为 50～470 头，局部田块达万头以上以及出现“冒穿”。华南稻区总体中等发生，局部偏重发生。福建第六代若虫平均百丛虫量为 2 002 头，较 2020 年同期增加 40.6%，闽西、闽北一季晚稻田间褐飞虱虫量急剧上升，个别田块已出现“冒穿”。江南稻区总体中等至偏重发生，江西晚稻百丛虫量一般为 400～1 050 头，高的 2 500～6 500 头，万安、上高等地严重田块出现穿顶。

2. 稻纵卷叶螟

稻纵卷叶螟总体中等发生，轻于 2020 年。全国累计发生面积 1 592.1 万公顷次，造成实际损失 32.9 万吨。其中长江中下游和江淮南部稻区偏重发生；华南、江南、西南东部稻区中等发生；西南南部和北部、江淮北部稻区偏轻发生。

（1）迁入期偏晚，中晚稻灯下虫量大。稻纵卷叶螟从 3 月上旬开始陆续迁入我国华南和江南稻区，迁入期比 2020 年偏晚 1～12 天。全国 296 个水稻稻纵卷叶螟监测点的全年灯下累计诱蛾量 80.4 万头，比 2020 年增加 5.3%，是 2011—2020 年平均值的 2.3 倍。从逐月诱蛾动态来看，与 2020 年同期相比，3—7 月各月累计诱蛾量分别比 2020 年同期减少 67.4%、86%、50.8%、47.1%、52.8%，8—9 月各月累计诱蛾量是 2020 年同期的 1.2 倍、5.8 倍。

（2）田间发生前轻后重，长江下游稻区重于 2020 年。早稻田间发生情况稳定，但中晚稻田间偏重发生趋势明显。其中，7 月下旬至 8 月中旬华南、江南稻区亩幼虫量一般在 1 000～6 000 头。8 月下旬长江下游稻区成卵数突增，上海亩虫量达 3.71 万～16.9 万头，平均亩卵量达 2.8 万～7.43 万粒。浙江全省平均亩蛾量持续 15 天超过 1 000头，平均亩卵量最高达 16.6 万粒，平均亩幼虫量最高达 16.1 万头。

3. 二化螟

二化螟总体中等发生，局部偏重发生，重于 2020 年。全国累计发生面积 1 258.3 万公顷次，造成实际损失 52.8 万吨。其中，西南北部、江南、长江中游稻区偏重发生，局部地区大发生；华南中东部、西南东南部、长江下游和江淮稻区中等发生；东北稻区偏轻发生。

（1）冬后残虫量同比较少。二化螟在各稻区冬后基数较高，其中华南、江南、江淮、长江中游稻区冬后基数有所降低，福建、浙江、江西平均亩残虫量为 3 900～6 000 头，同比减少 3%～18.9%；四川、安徽、河南平均亩残虫量为 1 400～1 700 头，同比减少 3.3%～21.6%。

（2）灯下诱蛾量同比偏高。全国 289 个水稻二化螟监测点全年灯下累计诱蛾总量 89.5 万头，分别是 2020 年和 2011—2020 年平均值的 1.2 倍和 2.5 倍。从逐月诱蛾动态看，除 5—7 月比 2020 年同期减少 2.6%～21%外，3—4 月、8—10 月同比分别增加 54.6%、6.4%、16.2%、82.2%、142.6%。

（3）江南稻区偏重发生，华南稻区呈明显上升趋势。田间以江南稻区发生最为严重，华南稻区田间虫量上升明显。其中，湖南偏重发生，湘中南和湘北益阳局部地区大发生，全省一、二、三、四代平均亩幼虫量分别为 3 475 头、1 421 头、2 583 头、2 853 头。江西偏重发生，局部地区大发生，早稻枯鞘丛率一般为 3.2%～7.5%，枯心率一般为 0.1%～1.5%；全省中稻平均枯鞘丛率为 3%～15%，平均枯心率为 0.2%～2.9%；晚稻枯鞘丛率一般为 3.1%～8.9%，平均枯心率一般为 0.1%～0.5%。浙江偏重发生，一、二代平均亩残虫量分别为 1 725 头、821 头，分别比 2020 年同期增加 6.7%、减少 9.3%；一、二、三代危害造成平均枯鞘株率分别为 1.63%、0.85%、1.51%，分别比 2020 年同期增加 5.8%、2.4%、7.9%。华南中西部稻区发生加重、范围扩大，其中广东偏轻发生，但粤北和粤东等部分地区发生较重，一至三代亩残虫量是 2020 年同期的 3～10 倍，四代亩残虫量是 2020 年同期的几十倍。广西偏轻发生，局部偏重，为近 10 年来最重的一年。

4. 水稻纹枯病

水稻纹枯病总体偏重发生，但轻于 2020 年。全国累计发生面积 1 401 万公顷次，是 1991 年以来发生面积最少的年份，造成实际损失 69.2 万吨。其中，华南中西部、西南东北部、江南中部、长江中下游和江淮稻区偏重发生；华南东南部、西南北部和东南部、江南西部、东北南部稻区中等发生；西南南部、东北中北部稻区偏轻发生。

（1）双季早稻区总体中等至偏重发生。华南早稻区发生期偏早、危害率偏高。其中，广西发病比 2020 年偏早 3 天左右，平均病丛率为 40.10%，同比增加 6.45%，各类型田平均病情指数为 11.87，同比增加 5.42%；广东 6 月下旬发生普遍，高州病株率、病丛率分别为 19.8%和 52.5%。江南早稻区 5 月中旬至 6 月下旬病情发展迅速。

其中，江西病丛率一般为12%～28%，病株率一般为5%～8%；浙江各地6月初田间陆续见病后，6月下旬病丛率已超过15%的防治指标。

(2) 单季稻区发生差异大。由于不同单季稻区水稻栽插期不一，因此各地发病差异大。江南、江淮和长江中下游稻区总体偏重发生，病丛率一般为5%～25%，高的达20%～65%。西南稻区中等发生，局部偏重发生，病株率一般为6%～10%，高的为78%以上，重发区域集中在贵州东北部、云南南部和重庆武隆等地。华南稻区偏轻发生，福建病株率一般为6.1%，最高病株率84.6%。

(3) 双季晚稻区偏重发生。华南和江南双季晚稻始见期为8月上旬，8月下旬至9月中旬陆续进入流行盛期。华南晚稻区偏重发生，病丛率一般为13%～41%，高的达60%～70%。江南晚稻区中等发生，病丛率一般为2%～31%。其中，江西9月病丛率一般为11%～22%，高的达27%～42%；病株率一般为4%～17%，高的达27%～38%。

5. 稻瘟病

稻瘟病总体偏轻发生，是1991年以来发生最轻的年份。全国累计发生面积339.1万公顷次，造成实际损失26.6万吨。其中，东北南部偏重发生；江南、长江中下游稻区中等发生；华南、江淮、东北大部稻区偏轻发生。

(1) 华南稻区总体偏轻发生。华南早稻区1—4月降雨偏少，入汛期偏迟，导致发病比2020年迟且轻，病叶率一般为1%～14%，但在老病区、山区、半山区的感病品种上偏重发生；华南晚稻区病叶率一般低于6%。

(2) 西南稻区总体中等发生，局部老病区、感病品种发生较重。西南稻区平均病叶率一般为5.6%～12%，平均病穗率一般为0.7%～7%，但贵州北部、东南部和中南部的老病区、优质稻品种种植区和四川局部糯稻品种发病严重，病叶率高达80%～100%。

(3) 江南稻区总体偏轻至中等发生，老病区和感病品种偏重发生，早稻重于中晚稻。湖南早稻平均病株率为5.6%，是2020年同期的5.6倍；中晚稻平均病株率分别为1.2%、2.5%，同比减少53.4%、12.5%。江西早稻病叶率一般为0.6%～9.8%，高的为15%～31.6%，病丛率一般为8%～38%，高的为43%～70%，最高达100%，各地部分感病品种均出现坐蔸现象；中晚稻病叶率一般为0.2%～2.4%，高的为2.5%～14%，病穗率一般为0.1%～0.8%，高的为1.5%～3.5%，在赣北、赣中等部分老病区偏重发生。

(4) 江淮和长江中下游稻区总体偏轻发生，老病区和感病品种偏重发生。病叶率一般为0.1%～2.3%，高的为2.6%～40%；病穗率一般为0.1%～2.3%，高的为14%～30%。老病区和感病品种病叶率高达10%～60%，病穗率高达14%～30%。

（5）东北南部稻区偏重发生，北部稻区偏轻发生。辽宁7月末受台风“烟花”影响，降水偏多，光照、积温不足，导致病情发生迅速，沈阳、盘锦、铁岭等地局部地区叶瘟病发生加重，盘锦发病重地块病株率50%以上，病叶率60%以上。

6. 南方水稻黑条矮缩病

南方水稻黑条矮缩病在华南和江南稻区轻发生。其中，华南稻区病丛率一般为0.1%～10%，广西主要在桂南、桂西南等局部稻区发生，海南主要发生在中部琼中县湾岭镇和五指山畅好乡。江南稻区轻发生，江西病丛率一般为0.1%～1.8%，病株率一般为0.2%～2.5%；湖南由于全省加强中晚稻药剂拌种工作，中晚稻拌种比例超过95%，病丛率一般为0.3%～2.5%，同比减少73.1%。

（二）小麦主要病虫害

2021年小麦病虫害总体偏重发生，其中赤霉病、条锈病、白粉病均达偏重程度。全国发生面积5 136.5万公顷次，比2020年增加1.22%。其中，病害发生面积为2 845.4万公顷次，比2020年增加9.89%；虫害发生面积2 291.1万公顷次，比2020年减少7.82%。

1. 小麦蚜虫

小麦蚜虫总体中等发生，其中华北、黄淮、江淮麦区中等至偏重发生，西南、西北大部麦区中等至偏轻发生。全国发生面积1 208.5万公顷次，造成实际产量损失48.3万吨。

（1）苗蚜数量低。冬季华北低温天气压低越冬基数。早春，河南、湖北和安徽平均百株蚜量9.9～65头，接近常年。

（2）春季发展慢。春季华北、黄淮、江淮等地气温起伏大、降雨偏多，一定程度抑制了蚜虫危害。河南4月上旬平均百株蚜量66.4头，比2020年同期减少85.1头；安徽4月中旬平均百株蚜量11.4～86.3头，山东4月下旬平均百株蚜量160头，均低于2020年同期。

（3）实际危害轻。华北麦区积极开展防治，减少了蚜虫造成的损失。山东、河北大面积推广应用种衣剂包衣技术，压低蚜虫基数，后期实施小麦“一喷三防”，结合吸浆虫成虫防治，有效压低了麦蚜的虫口密度。5月下旬，山东、山西、河南、河北平均百株蚜量89～700头，低于2020年的101～806头。河南防治面积400.4万公顷次，达发生面积的140.9%，挽回产量损失102.8万吨。

2. 小麦条锈病

小麦条锈病总体偏重发生，其中，陕西和甘肃东部大发生，河南、山东、湖北偏重发生，河北、四川、重庆、云南、青海中等发生，宁夏、安徽、山西、新疆、贵州偏轻发生，江苏、浙江轻发生。全国发生面积451.7万公顷，比2020年增加2.78%，是2012年以来仅次于2017年的重发年；全年共计19个省份的155个市890个县见病，比重发的2017年少1个省20个县。

（1）秋苗见病早、侵染面积大。由于2020年秋季各地抢墒播种，播种时间早、秋季温度高，秋苗病害主发区普遍见病早、发生重。2020年10月20日，宁夏固原首先见病，之后甘肃、陕西、贵州、云南、河南、四川、湖北相继见病。截至12月10日，秋苗和冬繁区共8个省份的22个市69个县（区）见病，为2017年以来见病市、县最多的一年。

（2）冬季发展慢。冬季，湖北、河南和陕西等主要冬繁区气温低，病情发展较慢。截至2021年2月底，西南、汉水流域和黄淮南部共计8个省份43个市172个县发生面积4.6万公顷。其中，西南麦区扩散较快，共有4个省份的28个市102个县见病，发病面积2.0万公顷；汉水流域和黄淮南部较1月初增加16个县见病，增加发病面积0.5万公顷。

（3）春季发生早、扩展快。进入春季，汉水渭水流域和黄淮南部冬繁区降水多，导致病害发生早、侵染蔓延速度快。尤其在4月中旬以后，发生县点和面积成倍增长，4月27日14个省份580个县发生面积206.2万公顷，比4月上旬增加了4个省份216个县（区）见病，面积增加147.5万公顷，增幅分别为59.34%、2.5倍。

（4）侵染范围广、局部危害重。4—5月黄淮海和西北大部降水频次多、气温平稳、风力条件有利，加速病害大区域扩展流行，导致东部主产麦区病害侵染时间长、发生范围广、流行面积大，湖北、河南、陕西等冬繁区及其周边麦区发生程度重。5月12日，病害逐步北扩至天津4区、北京5区，为历史罕见。截至5月底，小麦条锈病在全国16个省份815个县见病，发生面积353.2万公顷，与大流行的2017年同期相比，发生面积少120.7万公顷，但发生县数增加138个。河南全省发生面积157.2万公顷，全省平均病田率68%，平均病叶率6.3%，最高达100%。

3. 小麦赤霉病

小麦赤霉病为偏重流行，其中，湖北、江苏、浙江三省沿江地区大发生，长江中下游其他麦区、四川大部、黄淮大部中等至偏重发生，西北、华北麦区偏轻发生。全国预防控制面积为1 843.4万公顷次，比大流行的2012年、2016年、2018年分别增加40.1%、22.8%、21.3%，为历年最大，共挽回损失506.87万吨；病害流行得到有效控制，最终全国发生面积338.9万公顷，比2020年增加41.8%，比2016—2020年均值低21.2%，比2011—2020年均值低30.4%；病害造成的实际损失30.59万吨，分别比2012年、2016年、2018年减少85.3%、64.7%、61.6%。

（1）菌源基数大、见病时间早。受小麦连年与玉米、水稻连作及秸秆持续还田影响，长江中下游、江淮、黄淮、华北和西南小麦产区田间带菌量普遍偏高，满足大发生条件。浙江3月底见病，与2020年相近，较常年偏早1个月。江苏也于3月底在苏南查见病穗，见病时间较2020年提早近1个月，较常年早20天。安徽3月下旬沿江地区宿松县始见病穗，始见期较常年早7天。

（2）小麦抽穗扬花期长江中下游、江淮等麦区侵染普遍，见病区域广。3月下旬至5月上旬，江汉、江淮、长江中下游、四川东部麦区小麦抽穗扬花期遇孢子释放高峰期，降雨日多、雨量大，赤霉病菌侵染时间长，加上各麦区主栽品种普遍感病，赤霉病侵染普遍。湖北宜城、天门、荆门及江苏太仓等地平均病田率均达50%以上，湖北荆州、当阳，浙江海盐、余杭平均病田率甚至高达100%。安徽4月小麦抽穗扬花期间沿江沿淮麦区雨日达7～18天，日照时数少，赤霉病侵染广泛，局部重发。

（3）乳熟期西南东北部、江汉平原、苏皖沿淮沿江等地集中重发。四川乐至、渠县等西南东北部，湖北荆州、孝感等江汉平原大部，安徽桐城、颍上和江苏仪征、兴化等沿淮沿江麦区见病普遍，平均病田率均达85%以上。湖北发生总面积81.4万公顷，是2020年同期的2.4倍，高于近5年均值（54.7万公顷）。江汉平原整体大发生，病穗率均在40%以上。安徽全省普遍见病，见病面积92.0万公顷，占种植面积（284.4万公顷）的32.4%，经防控最终发生面积79.2万公顷。其中桐城市平均病穗率13.7%、病情指数6.0。江苏13市均有不同程度发生，流行威胁面积超过167万公顷，经防控最终发病面积70.9万公顷，自然发生程度与偏重流行的2016年相当，但实际危害显著轻于2016年；自然病穗率12.1%～84.1%，多个重发地区自然病穗率超过30%，发生程度明显重于2019年、2020年，与2016年相当。浙江偏重发生，发生面积9.5万公顷，其中嘉兴、湖州观察圃未防治田块平均病穗率达48.3%和55.1%，海盐县、长兴县和安吉县平均病穗率分别为28.8%、34.13%和23.8%；5月中旬定局调查，浙江全省病穗率10%以上田块占发病面积的31.7%。

4. 小麦白粉病

小麦白粉病总体偏重发生，其中，河北、河南、江苏总体偏重发生（4级），江苏沿淮沿江等地区大发生，西北、华北、黄淮其他麦区和云南大部中等发生，西南其他麦区、湖北总体偏轻发生。全国发生面积679.4万公顷次，比2020年增加23.5%，分别比2016—2020年均值和2011—2020年均值高23.36%、21.6%，成为2010年以来仅次于2015年、2016年的重发年。

（1）冬前菌源基数大、冬季病情扩展慢。河南秋苗期在豫北、豫西查到零星病叶，本地菌源量大。陕西秋苗期发生面积3.2万公顷，较2020年同期增加0.2万公顷。2月18日江苏阜宁首次查见病株，较常年早10天左右，3月上旬沿淮、沿海、淮北等地均零星见病。

（2）春季扩展快、流行时间长。春季江淮、黄淮等麦区降水频繁，有利于白粉病的发生发展。江苏3月下旬大部地区查见病害，全省平均病株率1.4%，4月上旬局部重发田块超过50%。河南3月下旬病情开始扩展，发病田平均病叶率为1.1%，4月中下旬开始进入流行高峰期，5月上旬豫北、豫东出现白色菌丝裹住麦穗的现象。

（3）发生区域广、局部病情重。长江中下游、江淮、黄淮、华北、西北和西南各麦区均见病。其中，河南全省发生面积184.4万公顷，是2011年以来发生面积最大的一年，全省平均病田率36%，平均病叶率13.1%；东部和北部发生较重，尉氏县和永城市平均病叶率分别高达81.5%和68.8%。山东发生面积129.7万公顷，重于2020年和常年；中部和西南部发生较重，成武县和郓城县平均病叶率分别为32%和46.8%。安徽发生面积34.7万公顷，同比增加24.2%；其中萧县平均病叶率达39.2%。江苏危害定局后调查，全省大田上三叶平均病株率11.0%，局部重发地区系统田上三叶最终病叶率超过70%。各麦区大面积种植感病品种，也使该病造成广泛损失。

5. 小麦纹枯病

小麦纹枯病总体中等发生，其中，河南和山西南部偏重发生，江淮、长江中下游麦区中等发生，华北大部麦区偏轻发生，西南麦区轻发生。全国发生面积735.7万公顷，比2020年增加9.8%。

2020年秋季，山东、河南、河北、安徽、山西和陕西6省秋苗发病面积40.9万公顷，为2010年以来秋苗发生面积最小的一年，平均病株率2.9%。2021年3月初至4月中旬为水平扩展盛期，秸秆还田导致田间菌源量偏大，加上春季华北、黄淮降水频繁，促进纹枯病蔓延危害。4月底至5月初，河南、山东和河北平均病株率分别为20.2%、15%和2.6%。

（三）玉米主要病虫害

2021年我国玉米病虫害发生面积6 200万公顷次，比2020年增加6.6%。

1. 草地贪夜蛾

2021年，草地贪夜蛾累计在27个省份1 239个县（市、区）发生，发生县数比2020年减少187个，减少13.1%；累计发生面积133.5万公顷次，与2020年持平；累计防治面积199.8万公顷次，比2020年减少5.9%。

（1）发生主要集中在西南、华南地区。据统计，云南等西南、华南地区发生面积121.8万公顷次、占91.2%，江南和长江流域发生面积9.4万公顷次、占7.0%，黄淮海和西北地区发生面积0.87万公顷次、占0.7%。

（2）发生县（市、区）数少于2019—2020年。2021年累计发生县（市、区）数1 239个，分别比2020年、2019年减少187个、302个，发生北界为辽宁义县（北纬41.53°），比2020年发生北界辽宁建平偏南0.3°，比2019年发生北界北京延庆（北纬40.45°）偏北1°。

（3）西南地区春、夏玉米及长江流域和黄淮海地区秋玉米或晚播夏玉米局部偏重发生。7月，西南、华南春、夏玉米产区各省平均百株幼虫量均在10头以下，其中，云南8.4头，四川、重庆、海南、广东、湖北、浙江、甘肃3～5头，其他省份均在3头以下，但云南芒市、腾冲、澜沧，广西港南和兴宾，贵州播州，浙江乐清等地局部未防田块最高达100头以上。8月开始，东北、华北、西北春玉米和西南、华南、江南夏玉米陆续收获，黄淮海夏玉米也处于灌浆乳熟期，不适宜草地贪夜蛾取食。草地贪夜蛾主要集中危害长江流域和黄淮海地区秋玉米或晚播夏玉米，田间虫量上升明显，局部地区出现点片集中危害现象，如江苏张家港，安徽无为，湖北天门、阳新，湖南常宁、衡东，江西大余，福建延平、建瓯和永安，广东高州、坪山，广西环江、天峨、兴安，云南腾冲、勐海、镇沅、兰坪等地部分田块最高百株虫量 50～100 头，个别田块超过 100 头。经防控，草地贪夜蛾周年发生的云南省危害损失占产量的 6%左右，黄淮海和北方玉米主产区基本没有造成损失。

（4）对秋播苗期小麦的危害有加重趋势。 2021 年，草地贪夜蛾对黄淮海地区秋播苗期小麦的危害加重，发生面积和田间虫量均高于 2019 年和 2020 年同期。如山东省自 10 月 13 日首次查见苗期小麦受害，至 11 月 2 日，秋播苗期小麦发生面积共计 161.3 公顷，明显超过玉米田发生面积，被害田平均每米单行一般有虫 4～8 头，重发田块可达 12～16 头，且已造成局部地块出现缺苗断垄现象。11 月初皖北各地调查，萧县、埇桥区、固镇县见虫田块每平方米虫量为 1～10 头，最高 15 头，部分麦田出现缺苗断垄。除了黄淮海地区外，在云南寻甸等小麦种植区，草地贪夜蛾在小麦上可发生 1 个世代。自 8 月中下旬开始，成虫开始在苗期小麦上产卵，幼虫取食危害。随后种群密度便逐步增大，不防治的部分田块每平方米种群密度超过 200 头。发生 1 个世代至 11 月中旬后，天气变冷后不再危害。

2. 亚洲玉米螟

亚洲玉米螟总体偏轻发生，局部中等至偏重发生，2021 年全国发生面积为 1 566.93万公顷次，比 2020 年减少 4.2%。其中一代总体偏轻发生，发生程度与 2020 年相当；二代总体偏轻发生，发生程度轻于 2020 年；三代总体发生程度轻于 2020 年，但重于常年，仍属偏重发生年份。

（1）一代偏轻发生。 如黑龙江发生面积为 116.8 万公顷，为 2001 年以来发生面积最小的一年，分别较常年和 2020 年下降 34.8%、15.4%。

（2）三代局部偏重发生，虫量较高。 如河北 9 月调查，定州市、平山县部分地块达 100%。霸州市玉米螟平均百穗虫量 20.17 头，临西县最高百穗虫量 80 头。

（3）穗期与棉铃虫、桃蛀螟混合发生。 多数地区亚洲玉米螟与棉铃虫、桃蛀螟混合发生，大部分地区亚洲玉米螟占比较高，如邯郸、石家庄亚洲玉米螟与棉铃虫虫量比为（3～4）：1；部分地区棉铃虫占比较高，雄安新区、邢台棉铃虫与亚洲玉米螟虫量比为（3.5～4）：1；部分地区桃蛀螟占比较高，廊坊霸州市桃蛀螟平均虫量是亚洲玉米螟、棉铃虫平均虫量的 10 倍左右。

3. 黏虫

2021 年全国玉米黏虫发生 235.1 万公顷次，比 2020 年增加 6.6%，其中，二代黏虫发生面积大，西北和西南局部地区虫量高，三代黏虫总体偏轻发生，黄淮海和西南局部地区偏重发生。

（1）二代黏虫总体中等发生，局部偏重。2021 年二代黏虫总体中等发生，西北和西南局部地区重发，发生程度重于 2020 年和常年。全国见虫面积 233.3 万公顷次，比 2020 年增加 15%，全国百株虫量为 10～30 头的发生面积 66.7 万公顷次，30 头以上重发面积 16.7 万公顷次。宁夏中北部、内蒙古西部、山西中部、陕西北部、甘肃中部和云南南部等局部地区出现高密度集中危害田块，百株虫量超过 500 头，最高达2 000头。

（2）三代黏虫总体偏轻发生，局部偏重。三代黏虫在西南、黄淮、华北、东北总体偏轻发生。7 月二代成虫诱蛾量大多监测站点累计在 100 头以下，明显低于 2020 年和常年同期，西北局部地区诱蛾量较高，陕西兴平、宁夏盐池等高空灯日诱蛾量分别为 1 万头和 2 800 头。8 月初，东北、华北局部地区开始查见卵块和低龄幼虫，但大部为零星发生，虫口密度较低。8 月上中旬，河南新乡、河北武安、贵州毕节等局部地区出现高密度集中危害田块，河北武安、河南辉县和林州部分地区平均百株虫量 150～250 头，最高达 2 000 头，贵州毕节最高百株虫量 750 头。

（3）劳氏黏虫呈上升趋势。劳氏黏虫总体呈上升趋势，诱蛾量偏高，成虫、幼虫发生时间长，成虫量高。如河北临城监测调查，3 月 15 日始见劳氏黏虫成虫，5 月、7 月、8 月和 9 月均出现蛾峰，其中 8 月 29 日日诱蛾量 342 头，10 月 18 日日诱蛾量 397 头。虽然部分监测点成虫量高，但幼虫量低，如河北临城未监测到劳氏黏虫幼虫，馆陶零星发生，永年劳氏黏虫幼虫百株虫量 7.9 头。

4. 玉米大斑病

2021 年玉米大斑病发生面积 471.3 万公顷次，比 2020 年增加 20.4%，东北和华北地区偏重发生，黑龙江、吉林、辽宁、内蒙古、河北、山西发生面积均大于 2020 年。

其中，黑龙江中等发生，局部区域偏重发生，发生面积较常年及 2020 年分别增加 5.4%和 29.1%，牡丹江 8 月中下旬为发病高峰期，大部分发病植株病斑蔓延至棒 3 叶处，但由于发生期较晚，未对玉米产量构成严重威胁。

6—7 月在吉林白城、长春、松原、通化等地零星发生，平均病株率为 2.4%；8 月平均病株率保持在 8%以上，高于 2020 年。

内蒙古东部局部地区偏重发生，平均病株率 34%，巴林左旗最高，为 80%；平均病叶率 20%，扎兰屯市最高，为 73%。

5. 玉米南方锈病

近年来，由于全球气候变暖、耕作制度改变等原因，玉米南方锈病发生范围北扩明显，已成为黄淮海地区夏玉米田的重要病害。2021 年发生面积 574.7 万公顷次，是 2020 年发生面积的 1.1 倍，全国总体偏重发生，山东、安徽、河南等黄淮海地区大流行。7 月下旬登陆并影响我国的台风“烟花”，北上过程中先后经过浙江、江苏、安徽等省份，是造成 2021 年玉米南方锈病发生较重的主要因素。

（1）见病时间早。受台风“烟花”影响，安徽 7 月下旬开始界首、临泉、灵璧、蒙城、阜南等地陆续查见病株，大部分地区较 2020 年提前 1 周左右。

（2）流行速度快。安徽 8 月 3 日前后各地调查，玉米南方锈病零星发生；8 月 17 日各地调查，太和、界首玉米南方锈病病株率平均为 21.4%～33.8%，是 1 周前的 3 倍，利辛病株率平均为 90%，部分田块达到 100%。山东各地 9 月上旬开始显症，至 9 月中下旬进入发病高峰期，全省出现大范围、长时间连阴雨天气，田间湿度大，造成玉米南方锈病快速侵染扩散，发生面积大幅度增加，占玉米种植面积的 40.7%；发病田平均病株率 46%，平均病叶率 39%，较 2020 年和常年明显偏重。

（3）品种间发病程度差异明显。黄淮海地区玉米品种郑单 958、登海 605、裕丰 303、登海 618、郑源玉 432、隆平 206、隆平 218、迪卡系列、金博士 509、先玉 335、国禾 918 等易感南方锈病，发病偏重；京科 999、京农科 736、隆平 243、丰大 688、秋乐 368、金丰捷 501、沃玉 3 号等品种对南方锈病表现为中等及以上抗性，发生偏轻。

（4）防治难度大。玉米南方锈病 8 月中旬后开始大面积发病，此时夏玉米多处于抽雄至灌浆期，植株高大密集，防治难度较大，防控效果不理想。加之近年各地追求高产，普遍种植密植型品种，每亩种植密度多在 4 000 株以上，田间荫蔽，易造成高温、高湿的小生境，利于病害侵染扩展。

（四）马铃薯主要病虫害

2021 年全国马铃薯主要病虫害发生面积 459.72 万公顷次，比 2020 年减少 6.1%。其中，病害发生面积 281.11 万公顷次，以晚疫病、早疫病、病毒病等为主；虫害发生面积 178.61 万公顷次，以二十八星瓢虫、蚜虫、地下害虫等为主。

1. 马铃薯晚疫病

马铃薯晚疫病总体中等发生，西南及武陵山区，河北张家口、承德等产区局部偏重发生，全国发生面积144.60万公顷次，比2020年减少5.7%，比2011—2020年均值减少26.5%，是2011年以来发生面积最小的年份。

（1）北方产区病情偏轻。2021年6月以来，山西大同、长治，陕西榆林，甘肃陇南、天水，黑龙江双鸭山、哈尔滨、牡丹江，吉林松原，内蒙古呼伦贝尔、鄂尔多斯等地陆续查见中心病株，与2020年相比，西北产区见病偏早3～8天，东北、华北产区见病偏晚3～15天；与常年相比，大部产区见病偏早3～15天。甘肃偏轻发生，明显轻于2020年及常年，是近10年来最轻的年份，病叶率大于50%的重发田面积比2020年减少91%；陕西北部产区偏轻发生，发生区平均病株率、病叶率分别为12.59%、6.41%，低于2020年的15.35%、6.88%及近5年平均值14.32%、7.8%，其中榆林病株率6.2%，远低于2020年的20.05%；内蒙古、河北、山西等地平均病株率10%～40%。

（2）西南及武陵山区局部发生较重。南方大部产区发生期较常年偏早，四川盆地3月13日在巴中市平昌县始见，比2020年早4天，早于常年。湖北低山区3月16日见病，较常年提前10天左右。重庆病情高峰期平均病株率41.2%，重于2020年，丰都、酉阳、武隆局部田块最高病株率达100%。湖北总体大发生，发生程度重于常年，特别是平原低山产区为近几年最重的一年，5月上中旬平均病田率40%，局部未防田块病株率接近100%。贵州一般病株率40%，高的达100%。四川冬马铃薯病株率一般为0.8%～38.5%，平均4.3%，略重于2020年的4.0%，春马铃薯平均病株率3.6%，最高病株率20%，与常年相当。

2. 马铃薯早疫病

马铃薯早疫病总体中等发生，全国发生面积72.87万公顷次，比2020年减少6.2%。北方产区中等发生，其中河北局部偏重发生，一般地块病株率30%～40%，部分感病品种发病率高达100%。西南产区偏轻发生，贵州西部、北部等地一般病株率30%，高的达100%，重于2020年。

3. 马铃薯病毒病

马铃薯病毒病总体偏轻发生，全国发生面积22.79万公顷次，比2020年减少6.5%。各地推广脱毒薯种植、减少超代脱毒薯种植、健身栽培、传毒蚜虫防控等技术，大部地区发生趋轻，但局部地区病株率相对较高。贵州一般病株率11%，高的达45%以上；宁夏9月29日在原州区查见病株，晚于2020年，病株率0.6%～1%。

4. 二十八星瓢虫

二十八星瓢虫总体偏轻发生，全国发生面积 25.07 万公顷次，比 2020 年减少 6.4%。河北一般百株成虫量 2～15 头，怀来县重发田块百株成虫量高达 300 头。陕西大部产区始见期较 2020 年偏早 1～8 天，发生区平均被害株率 13.03%，低于 2020 年的 15.22%，百株虫量 34.99 头，低于 2020 年的 35.71 头。

5. 其他病虫害

蚜虫偏轻发生，宁夏系统田 5 月 30 日始见，高峰期 6 月 10 日百株蚜量 141 头，有蚜株率 79.0%，比历年同期偏高，高峰期 7 月 26 日百株蚜量为 158 头，有蚜株率 27%；贵州西北部一般百株蚜量 200 头，高的 1 000 头以上。地下害虫在河北、宁夏等地发生总体偏轻，田间多点片发生。环腐病、黑胫病、疮痂病、炭疽病等病害零星发生，但在北方产区呈逐年加重趋势。

（五）油菜主要病虫害

2021 年全国油菜病虫害总体中等发生，轻于常年。全国发生面积 703.18 万公顷次，接近 2020 年，比 2016—2020 年发生面积均值减少 7.9%。其中，虫害发生面积 278.94 万公顷次，病害发生面积 424.23 万公顷次。

油菜菌核病 2021 年全国总体中等发生，与 2020 年持平，维持 2018 年以来逐年减轻的趋势。2021 年全国发生面积 272.52 万公顷次，比 2016—2020 年发生面积均值减少 5.3%，造成实际产量损失 12.76 万吨。

（1）发生区域集中。发生区域集中在长江中下游和江南地区，发生面积分别为 108.98 万公顷次和 101.92 万公顷次，分别占全国发生面积的 39.9%和 37.4%。其中湖南发生面积 76.58 万公顷次，占全国发生面积的 28.1%；湖北发生面积 69.65 万公顷次，占全国发生面积的 25.7%。

（2）湖北、湖南、安徽局部地区发生偏重。湖北鄂东及沿江地区偏重至大发生，其中鄂东产区茎病株率为 10.8%～36.2%，平均茎病株率 22.5%，病情指数集中在 6.5～26.7 区间，平均病情指数 13.4；江汉平原地区茎病株率为 12.4%～37.1%，平均茎病株率 20.35%，病情指数集中在 9.5～18.4 区间，平均病情指数 16.8。湖南局部地区偏重发生，5 月定点调查，安乡和鼎城田间茎病株率分别高达 63.8%和 35.15%。安徽沿江和皖南地区发生偏重，各地定点调查，沿江地区的望江、怀宁、宿松、南陵、无为、东至等地茎病株率偏高，达到20.2%～32.3%；皖南地区的休宁、旌德、徽州、黄山、绩溪等地茎病株率达到20.1%～22.7%。

(3) 防控后危害损失降低。经有效防治，2021年全国实际损失12.76万吨，比2016—2020年实际损失均值（14.87万吨）减少14.2%，其中湖南、湖北实际损失分别为3.7万吨和3.5万吨，安徽实际损失为1.2万吨。全国挽回损失56.15万吨，其中湖南、湖北挽回损失均超过13万吨。

（六）大豆主要病虫害

2021年全国大豆病虫害总体偏轻发生，发生面积646.93万公顷次，较2020年减少4.42%。其中，虫害发生面积468.33万公顷次，以大豆食心虫、大豆蚜、双斑萤叶甲、豆荚螟和棉铃虫为主；病害发生面积178.60万公顷次，以霜霉病、锈病为主。

1. 大豆食心虫

大豆食心虫总体偏轻发生，发生面积113.21万公顷次，较2020年减少12.9%。发生区域集中在东北春大豆区，占全国发生面积的73.0%，其中黑龙江省发生面积75.75万公顷次，占东北春大豆区发生面积的91.6%；长江流域春夏大豆区发生面积14.16万公顷次，占全国发生面积的12.5%，其中安徽发生面积6.88万公顷次，占长江流域春夏大豆区发生面积的48.6%。

2. 大豆蚜

大豆蚜总体偏轻发生，发生面积56.95万公顷次，较2020年减少11.7%。东北春大豆区、黄淮海夏大豆区和长江流域春夏大豆区发生较为均衡，各大区域发生面积占比分别为37.0%、21.8%和17.1%，其中黑龙江省发生面积18.01万公顷次，占东北春大豆区发生面积的85.5%。

此外，长江流域春夏大豆区和云贵高原春夏大豆区的锈病，东北春大豆区和黄淮海夏大豆区的霜霉病，黄淮海夏大豆区的棉铃虫，黄淮海夏大豆区、长江流域春夏大豆区和云贵高原春夏大豆区的豆荚螟，东北春大豆区的双斑萤叶甲发生较为突出。

（七）蝗虫

2021年全国蝗虫总体中等偏轻发生，局部地区中等偏重发生，个别地区存在高密度点状分布。

1. 飞蝗

发生面积1 285.72万亩次，比2020年减少113.96万亩次。其中，东亚飞蝗发生面积1 228.39万亩次，同比下降9.43万亩次；西藏飞蝗发生面积52.68万亩次，同比下降94.78万亩次；亚洲飞蝗发生面积4.66万亩次，同比下降9.73万亩次。

2. 土蝗

北方农牧交错区土蝗发生面积1 719.21万亩次，比2020年减少117.62万亩次。

二、农田杂草和农区鼠害发生监测与预报

（一）农田杂草

2021年全国农田杂草发生面积9 734万公顷次，比2020年减少162万公顷次。

1. 稻田杂草

杂草群落的演替变化和多样性加剧，原先次要杂草逐渐上升为优势种群，如丁香蓼、耳叶水苋等在长江流域大面积暴发。多年生杂草发生危害逐年加重，如东北稻区的野慈姑、萤蔺、扁秆藨草，长江流域稻区的双穗雀稗、稻李氏禾、水竹叶等多年生杂草逐渐成为优势杂草。

2. 麦田杂草

旱旱轮作麦田禾本科杂草扩散蔓延速度快，杂草群落逐渐由阔叶杂草为主演替为单、双子叶杂草混合发生群落，难防杂草节节麦、多花黑麦草、婆婆纳等逐年加重。水旱轮作麦田适应轻简栽培的杂草如菵草、硬草、早熟禾、野老鹳草等发生逐年加重。

3. 玉米田杂草

杂草群落结构发生显著变化，东北地区鸭跖草、苘麻、野黍，黄淮海地区铁苋菜、双穗雀稗、香附子等已成为玉米田恶性杂草。缠绕茎秆类杂草猛增，如东北地区的萝藦、葎草，黄淮海地区的牵牛花、打碗花等，严重制约玉米田全程机械化进程。

（二）农区鼠害

1. 华北地区大部偏轻至中等发生，东部和北部偏重发生

北京、天津轻发生（1级）；河北与内蒙古交界的农牧交错区、接坝地区及坝下丘陵区、畜牧养殖为主的市（县）农田及丘陵地带偏轻至中等发生（2～3级）；山西偏轻

发生（2 级），丘陵地带玉米、马铃薯集中种植区、农牧交错区、山坡地、沟壑、中药材种植区等区域中等至偏重发生（3～4 级）；内蒙古大部偏轻至中等发生（2～3 级），其中，呼伦贝尔、兴安、锡林郭勒、乌兰察布、鄂尔多斯、巴彦淖尔等盟（市）的部分旗（县）偏重发生（4 级）。预计发生面积为：北京 100 万亩，天津 200 万亩，河北 1 492万亩，山西 1 630 万亩，内蒙古 500 万亩。

2. 东北地区大部中等至偏重发生，局部地区大发生

辽宁大部中等发生（3 级），设施农业、畜禽养殖区、农户粮食仓储区周边偏重发生（4 级）；吉林大部中等发生（3 级），长春（双阳）、吉林东部、白城（洮北、镇赉、大安）、辽源（东辽）、四平（伊通）及松原部分县（市）的山区、丘陵山沟、河沟、草荒地及林带附近农区和畜牧养殖区偏重发生（4 级）；黑龙江大部偏重发生（4 级），哈尔滨、佳木斯、黑河及齐齐哈尔西部的农草交错区、沿江流域及蔬菜和经济作物区大发生（5 级）。预计发生面积为：辽宁 1 260 万亩，吉林 3 620 万亩，黑龙江 4 500 万亩。

3. 西北地区大部偏轻至中等发生，局部偏重至大发生

陕西大部轻发生至偏轻发生（1～2 级），陕北地区部分果园区、陕西南部及西部的低山丘陵区，关中北部铜川市等大部中等发生（3 级）；甘肃大部中等至偏重发生（3～4 级），平凉、庆阳、定西、天水、白银等部分地区重发生（4 级）；宁夏南部山区以及中部的同心、海原、盐池等农牧交错区中等发生（3 级）；青海大部中等至偏重发生（3～4 级）；新疆（含新疆生产建设兵团）大部偏重发生（4 级），南疆四地州，博尔塔拉蒙古自治州博乐、温泉，巴音郭楞蒙古自治州库尔勒、和硕、博湖等地偏重至大发生（4～5 级），新疆生产建设兵团第二师铁门关市焉耆垦区、第四师可可达拉市、第五师双河市 84 团、第九师塔城、第十师北屯市等退耕还林地及粮食种植区偏重发生（4 级）。预计发生面积为：陕西 988 万亩，甘肃 1 000 万亩，宁夏 90 万亩，青海 430 万亩，新疆（含新疆生产建设兵团）1 240 万亩。

4. 华东地区大部偏轻发生，局部中等发生

上海及山东大部地区轻发生（1 级），上海经济作物、蔬菜作物及园艺场等区域偏轻发生（2 级）；山东费县、博兴、曹县、汶上、青岛、莒南偏轻发生（2 级）；江苏及安徽大部轻至偏轻发生（1～2 级），江苏淮北旱作及沿江丘陵地区偏轻至中等发生（2～3 级），安徽沿淮西部和皖东南地区中等发生（3 级）；浙江大部偏轻至中等发生（2～3 级），畜牧养殖区及山区中等发生（3 级）；江西大部中等发生（3 级），赣南、赣

西、赣东北山林区的粮食种植区以及环鄱阳湖区域局部偏重发生（4 级）；福建大部中等发生（3 级），山垄田、烟后稻种植区、甘薯种植区、种养结合区及洪水多发县（市）偏重发生（4 级）。预计发生面积为：上海 100 万亩，山东 1 600 万亩，江苏 1 920 万亩，安徽 1 000 万亩，浙江 800 万亩，江西 1 540 万亩，福建 850 万亩。

5. 华中地区大部偏轻发生，局部中等至偏重发生

河南、湖北大部偏轻至中等发生（2～3 级），豫东沿黄沙地小麦与花生轮作区及豫西果园中等发生（3 级）；湖北稻鱼（虾）综合种养区大部中等发生（3 级）；湖南大部偏轻至中等发生（2～3 级），湘南、湘西、沿洞庭湖种植区偏重发生（4 级），洞庭湖滩涂及周边东方田鼠滋生区偏重发生（4 级）。预计发生面积为：河南 1 500 万亩，湖北 700 万亩，湖南 2 520 万亩。

6. 华南地区大部中等至偏重发生，局部地区大发生

广东大部中等至偏重发生（3～4 级），粤东、粤北和珠江三角洲局部地区大发生（5 级）；广西大部中等至偏重发生（3～4 级），灵山、浦北、宜州、横县、宾阳、灵川、合浦、钦南、平南、博白、兴宾、象州等地部分地区偏重至大发生（4～5 级）；海南大部中等发生（3 级），乐东、东方、临高、海口、三亚等地部分地区以及南繁育种基地偏重发生（4 级）。预计发生面积为：广东 2 250 万亩，广西 1 900 万亩，海南 140 万亩。

7. 西南地区大部中等发生，局部偏重发生

四川大部中等发生（3 级），粮经作物主产区、川西高原农牧交错区、川南丘陵区、农村场镇及农舍周边偏重发生（4 级）；重庆大部中等发生（3 级），渝东北、渝西以及长江沿江部分地区偏重发生（4 级）；贵州大部中等发生（3 级），黔北、黔中、黔东部分地区中等至偏重发生（3～4 级）；云南大部中等发生（3 级），丘陵山区偏重发生（4 级）；西藏大部中等发生（3 级），拉萨、山南、日喀则、昌都、林芝等地农牧交错区偏重发生（4 级）。预计发生面积为：重庆 750 万亩，四川 2 200 万亩，贵州 800 万亩，云南 1 100 万亩，西藏 80 万亩。

（三）农舍鼠害

全国农舍鼠害呈大部中等发生、局部偏重发生特点。其中，华北、华东、华南、华中大部、西北大部、西南大部中等发生（3 级），东北、西北局部地区偏重发生（4 级），新疆南疆四地州大部地区偏重至大发生（4～5 级），山东、河南、江苏、湖北、甘肃、宁夏、陕西偏轻发生（2级）。预计全年农舍鼠害发生户数1.0亿户，与2020年基本持平。

三、重大病虫监测预警技术研发及进展

（一）智能虫情测报灯诱集效果和识别准确率验证

灯诱是农业害虫种群监测的一项常规手段，但由于灯下昆虫种类杂、数量多，识别鉴定和计数是一项费工费时的工作，也难以实现数据的实时传输。近年来，随着大数据和人工智能技术的进步，我国研发出一批基于图像处理技术和以机器学习理论为基础的具备自动种类识别和计数功能的智能虫情测报灯，其中效果优异的已被应用于生产中。为系统了解智能虫情测报灯应用情况，2021年全国农业技术推广服务中心安排了智能虫情测报灯诱集效果和识别准确率验证工作，掌握了重要害虫种类的应用效果数据。

1. 验证方法

试验委托中国农业科学院植物保护研究所在廊坊试验基地开展，重点对研究基础好、应用范围广的浙江托普云农科技股份有限公司灯具开展试验。时间为6月19日至10月8日，验证对象有以下9种：东方黏虫、劳氏黏虫、草地贪夜蛾、草地螟、玉米螟、棉铃虫、二点委夜蛾、小菜蛾、斜纹夜蛾。

验证方法为专业人员人工对灯具拍摄图片中的9种目标害虫进行种类识别和计数，每天9时前后收集灯诱的昆虫虫体，对其中的目标害虫进行识别、记数和拍照，标注虫体完整情况。然后与灯具自动识别目标害虫种类和计数进行对比，按以下公式计算灯具采集图片识别准确率：

$$Y=\{1-[ABS(C-A)/A]\}\times 100\%$$

式中，Y为灯具采集图片识别准确率，A为采集图片人工识别目标害虫数量，C为灯具自动识别目标害虫数量，ABS为绝对值（取正）。

2. 验证结果

灯具采集了东方黏虫、草地螟、玉米螟、棉铃虫、二点委夜蛾、小菜蛾、斜纹夜蛾7种害虫图片，未采集到劳氏黏虫、草地贪夜蛾。按目标害虫采集图片天数算，7种害虫平均图片采集率为75.0%，最高的二点委夜蛾为91.7%，玉米螟最低，仅为40.0%。灯具采集图片平均识别准确率为70.5%，识别准确效果最好的是棉铃虫、二点委夜蛾，

识别率在90%以上，其次是小菜蛾、斜纹夜蛾和东方黏虫，识别准确率在70%以上，草地螟、玉米螟识别准确率分别为60.0%、50.2%（表2-1）。

表2-1　智能测报灯害虫识别情况

目标害虫种类	灯具诱虫天数（天）	采集目标害虫图片天数（天）	图片采集率（%）	灯具自动识别目标害虫数量（头）	采集图片人工识别目标害虫数量（头）	灯具采集图片识别准确率（%）
棉铃虫	106	90	84.9	805	802	99.6
二点委夜蛾	96	88	91.7	744	817	91.1
小菜蛾	85	67	78.8	851	762	88.3
斜纹夜蛾	45	20	44.4	56	47	80.9
东方黏虫	79	64	81.0	70	95	73.7
玉米螟	60	24	40.0	119	237	50.2
草地螟	5	4	80.0	7	5	60.0
合计/平均	476	357	75.0	2 652	2 751	70.5

3. 改进措施

试验研究发现，智能虫情测报灯诱虫存在虫体堆积导致图片难识别、计数偏低问题，应解决接虫履带虫体堆积问题，保证虫体分散。玉米螟、斜纹夜蛾、草地螟等害虫识别技术有待提高，应以一类、二类农作物病虫害中趋光性害虫为重点，丰富害虫图片库，优化计算模型和方法，切实提高识别准确率。鉴于迁飞性害虫灯下虫量突增现象，在抖动接虫履带、缩短拍照时间的同时，当虫体达一定限度时，应增加报警提醒功能，以便人工补查，避免错过监测关键时期。

（二）稻纵卷叶螟食诱监测技术

为解决稻纵卷叶螟成虫种群监测难题，2021年全国农业技术推广服务中心在2020年试验的基础上，继续开展稻纵卷叶螟食诱监测技术试验。

1. 试验完成情况

在江苏省宜兴、张家港、金坛，浙江省龙游、象山，湖北省石首、当阳、浠水，湖南省芷江、邵东、醴陵，江西省大余、泰和建立了13个稻纵卷叶螟食诱监测技术试验点，并以常规测报灯、性诱和田间赶蛾作为对照。5月初至9月底，13个试验点均按照试验方案顺利完成试验。

2. 主要进展

（1）监测时间。2021年长江中下游8个试验点（江苏宜兴、张家港、金坛，浙江龙游、象山，湖北石首、当阳、浠水）6月上中旬至9月下旬开展食诱监测试验，与2020年相比，时间跨度相同，但开展试验时间提早1个月；江南5个试验点（湖南芷江、邵东、醴陵，江西大余、泰和）5月上中旬至9月底开展食诱试验，其中江西2个试验点为2021年新增试验点，湖南3个试验点开展试验时间与2020年相同，实现了对水稻完整生育期内稻纵卷叶螟种群动态的监测。

（2）诱虫量。各地试验期不尽相同，故以平均每个诱捕器每天诱集的成虫数进行比较分析。经统计，各试验点食诱剂单个诱捕器日均诱虫量平均值为17.97头，最小为湖北当阳1.81头，最大为湖南醴陵41.47头；性诱剂单个诱捕器日均诱虫量平均值为16.02头，最小值为湖北当阳3.97头，最大值为湖北石首41.67头。虽然食诱剂单个诱捕器日均诱虫量略高于性诱剂诱虫量，但在不同地区两者间差异明显，湖北、江苏和湖南6个监测点（湖北浠水，江苏宜兴、金坛，湖南芷江、邵东、醴陵）食诱剂单个诱捕器日均诱虫量为29.51头，是性诱剂诱虫量的1.49倍；而在其他7个监测点（湖北石首、当阳，江苏张家港，浙江龙游、象山，江西大余、泰和）性诱剂诱虫量是食诱剂的2倍。

（3）峰期和峰次。各地试验结果普遍表明，食诱剂诱虫量能够准确反应田间稻纵卷叶螟成虫种群动态，监测到的峰次、峰期、峰日蛾量与田间赶蛾、性诱等传统方法基本吻合。稻纵卷叶螟全年共出现5个峰次，分别为5月下旬、6月中下旬、7月中下旬、8月中下旬和9月中旬。4种监测方法分别在长江中下游稻区单季中稻、单季晚稻和江南稻区中稻上监测到1～3个、2～3个和2～4个峰次。

（4）专一性和性比。食诱监测的专一性较高，靶标害虫数量占总诱虫量的比率一般高于80%，但不及性诱（90%以上）。从诱集到的雌、雄蛾总量对比及逐日对比看，食诱监测雌、雄性比均大于1，与2020年结果一致。

（5）与田间幼虫和卵的动态关系。江苏宜兴、张家港、金坛结果表明，食诱、性诱、灯诱和人工赶蛾的蛾量变化趋势与田间幼虫量实际发生趋势基本一致，每个成虫高峰起峰后3～14天田间出现低龄幼虫高峰。湖南芷江田间落卵量随食诱剂监测诱捕稻纵卷叶螟虫量的升降而升降，两者之间的间隔为4～6天。湖南浠水7月中旬监测到成虫高峰后，7 月下旬田间百株虫量均值达到 560 头。

3. 应用前景

试验结果表明，稻纵卷叶螟食诱剂在诱虫量、灵敏度方面优势明显，能够准确、及时反应田间成虫、幼虫发生趋势，且受气象条件等环境因素影响较小，在稻纵卷叶螟成虫种群动态监测上具有广阔的应用前景，但生产中使用时仍需在以下方面优化提升。

（1）专一性、均一性和持效期仍需提高。食诱剂是基于害虫偏好食源或植物挥发物研制而成的一种成虫行为调控剂，可以同时诱杀雌、雄成虫，但同时农田环境中相似生态位的昆虫种类往往也会受到吸引。2021 年试验结果表明，稻纵卷叶螟食诱剂在部分试验点出现较高的杂虫率（>40%），这不仅增加了基层测报人员区分种类的工作量，也不利于当地稻田的天敌保护与利用。同时，部分试验点反映，一是食诱剂气味释放不稳定，前期气味太浓对稻纵卷叶螟有一定驱避作用，后期气味浓度逐渐下降，又会导致诱集效果不明显；二是食诱剂释放持续时间相对较短，需要时常更换，既增加了劳动量和使用成本，又不利于种群动态的长期监测。下一步，要继续优化食诱剂有效成分配比，2021 年比 2020 年最高杂虫率降低了 10%左右，仍存在很大提升空间；同时需要改进载体材料，提升释放的均一性；此外，还要在保证均一性和诱集效果的前提下，筛选最佳的单个食诱剂有效成分含量，以便区域间、监测点间进行同等比较。

（2）探究区域间种群对食诱剂敏感性的差异。从试验结果可以看出，不同区域间食诱剂诱集效果有明显差异，在湖北浠水，江苏宜兴、金坛，湖南芷江、邵东、醴陵，食诱剂诱集效果明显高于性诱剂，但在湖北石首、当阳，江苏张家港，浙江龙游、象山，江西大余、泰和试验结果则相反。为此，要在保留一部分试验点的基础上，在其他地区开展试验，探究不同区域间食诱剂应用效果；此外，还需结合稻纵卷叶螟成虫嗅觉蛋白相关研究进展，明确不同虫源性质的种群对食诱剂和性诱剂的选择差异。

（3）研发智能化、自动化食诱剂监测设备。2020—2021 年两年的试验结果表明，食诱剂作为稻纵卷叶螟种群监测的一种新手段，在诱虫量、灵敏度方面均有明显优势，还能实现雌、雄同诱，便于进行雌蛾卵巢发育级别判定，但是在识别区分、数量统计、解剖卵巢等方面仍需大量人力来支撑。因此，研发自动化、智能化食诱剂监测设备，实现实时监测、精准测报，是未来研究的重点和难点。

（三）稻纵卷叶螟特异性灯诱监测试验

稻纵卷叶螟是我国水稻生产中重要的迁飞性害虫之一。由于稻纵卷叶螟成虫具有远距离迁飞性和较强的再迁飞能力，能实现远距离转移，对其成虫种群动态的掌握一直是调查、监测和预报的难点。传统观点认为稻纵卷叶螟的趋光性不强，经常出现监测点诱集灯下总虫量少、虫峰不明显、高峰期虫量低等问题，但近年来高空测报灯（金属卤化物灯源）以及部分改良光源的虫情测报灯监测表明，稻纵卷叶螟灯下诱集量较大、蛾峰明显，因此，有必要明确稻纵卷叶螟对不同波长灯光的趋光性，以期研发出适宜波长的特异性灯诱监测设备。

1. 试验完成情况

（1）田间灯诱试验。在 360～625 纳米范围之内选择确定波长范围 20 个，制作 20 款灯管，每款波长宽幅为 10 纳米，如 615～625 纳米，以生产上常用的黑光灯为对照。试验在江苏省射阳县新洋农场农业中心开展，共计安装 63 台太阳能杀虫灯（每个波长及对照各设 3 个重复），相邻两台杀虫灯之间间隔 20 米以上。8 月中旬至 9 月上旬，逐日调查每灯上被诱杀的稻纵卷叶螟成虫（分雌、雄），并做好详细记录。

（2）视觉蛋白测定。收集稻纵卷叶螟的蛹，待至成虫羽化后分析测定成虫视觉蛋白的种类及含量。

2. 主要进展

（1）田间灯诱试验结果。稻纵卷叶螟成虫对波长范围在 360～400 纳米的短波光以及黑光灯的趋光性最强，对波长范围在 545～585 纳米的长光波的趋光性表现出中等趋性。其中，波长为 360～365 纳米、365～375 纳米、375～385 纳米、390～400 纳米的灯管和黑光灯分别诱集成虫 1 307 头、822 头、1 013 头、898 头、1 018 头。从诱集到的雌、雄成虫数量可以看出，稻纵卷叶螟雌虫对除黑光灯外的各个波段的敏感度均高于雄虫，波长范围在 360～400 纳米的灯管诱集到的雌、雄性比为 1.09～1.57，而波长范围在 545～585 纳米的灯管诱集到的雌、雄性比为 1.85～2.92。其中波长为 595～605 纳米的灯管诱集到的雌、雄性比最高，达到 2.92；而黑光灯诱集到的雌、雄性比最低，为 0.82。

（2）视蛋白基因测序结果。通过对成虫视蛋白基因的序列和表达水平进行测序，结果表明，在稻纵卷叶螟中含有 3 类视蛋白，即长波光（LW，560 纳米左右）、蓝光

（Blue，400 纳米左右）和紫外光（UV，380 纳米左右），其中稻纵卷叶螟长光波基因的表达水平显著高于其他视蛋白（LW＞Blue＞UV）。

3. 应用前景

试验结果表明，稻纵卷叶螟对波长范围在 360～400 纳米的短波光以及黑光灯的趋光性强，其中波长为 360～365 纳米的灯管诱集效果最强，但与视蛋白基因测序结果（即长波光基因表达水平较高）不相符，这说明，稻纵卷叶螟对不同波长趋光性表现的普遍性及其与成虫视蛋白基因表达水平的相关性有待更进一步研究。

（1）提前田间试验开展时间。2021 年于 8 月中旬开始试验，试验开展时间较晚，导致不能对晚稻完整生育期内稻纵卷叶螟的种群动态进行监测，同时因时间跨度小、虫源性质单一，且以回迁种群为主，造成虫源代表性不强。下一步，要从水稻秧苗期开始监测，即 7 月上中旬，对晚稻完整生育期内的稻纵卷叶螟种群动态进行监测。

（2）开展室内灯诱试验。因田间试验存在诸多不确定因素，如天气条件、人为因素等，会对试验结果造成一定影响。因此，下一步在田间试验的基础上，增设室内灯诱试验，在适宜条件下，探究不同虫源性质的雌、雄成虫，如未交配未吊飞、交配未吊飞等，对不同波长的趋光性。室内试验结果可以与田间结果相互印证，为明确稻纵卷叶螟对不同波长灯光的趋光性和研发新型灯诱监测设备提供必要的数据支撑。

（3）扩大基因测序样本量和丰富度。2021 年稻纵卷叶螟视蛋白基因测定试验与田间试验结果不相符，最主要的原因可能是检测的样本量小、丰富度低。由于开展试验时间晚，收集到的稻纵卷叶螟蛹数量少，导致试验样本量不够，而且存在样本采集地过度集中的问题，因此测序结果可能有所出入。下一步，一是在稻纵卷叶螟幼虫危害高峰末期和羽化初期收集大量的蛹，保证样本量足够；二是在不同稻区的不同类型田上收集蛹，保证样本的丰富度。

四、农作物病虫害监测预警信息化系统建设

（一）基于生态型的水稻重大病虫害发生预测模型开发

根据全国稻区水稻重大病虫害监测预警需要，2021 年全国农业技术推广服务中心与四川省农业科学院植物保护研究所开展合作，基于 BP 神经网络预测模型研发西南丘陵和平原地区水稻螟虫、稻飞虱和稻瘟病预测模型，进一步推进智慧测报进程，实现水

稻病虫害精准测报。

1. 研发背景

BP 神经网络具有强大的拟合能力，无论是线性还是非线性关系，都能得到一个精度较高的拟合结果，适合于在自变量和因变量关系不明确时应用。神经网络对模拟数据和实际资料校验集的预测值和实际值的相关系数都大于 0.8，说明 BP 神经网络应用于非线性资料分析效果较好，与传统统计方法的适当结合，可解决许多病虫害预测中传统方法难以解决的问题。如利用有效积温预测害虫的发生期，可以将日温度作为输入因子，发生期作为输出因子，而不需要像传统方法那样累加每日的有效积温来推算病虫害发生进度。

本研究以 1980—2019 年四川大竹县、通江县的冬后螟虫基数、一代螟虫高峰期卵块数、一代螟害和虫口密度、二代螟害和冬前虫口密度、各代螟虫发生防治情况；稻飞虱 5—7 月灯下及田间虫量、主害代高峰期发生情况；稻瘟病菌源情况、苗瘟发病情况、叶瘟发生实况、大田叶瘟普查结果、穗瘟普查结果、稻瘟病发生防治情况作为病虫害数据库。以大竹县、通江县温度、降雨量、相对湿度等气象数据和田间小气候仪的相关数据作为气象数据库。采用 BP 神经网络，分析并建立预测模型，在预测结果的基础上，建立了回归分析模型并进行统计检测。

2. 主要进展

（1）水稻螟虫预测模型。5 月下旬进行一代螟虫白穗率、发生面积和发生程度预测。选取冬季后基数调查数据，包括二化螟亩活虫数、三化螟亩活虫数、大螟亩活虫数、二化螟死亡率、三化螟死亡率、大螟死亡率、百根稻草活虫数、冬水田面积百分比等因子，对 2016—2018 年的一代螟虫白穗率、发生面积和发生程度进行预测。结果表明，对 2016—2018 年的一代螟虫白穗率、发生面积和发生程度预测的准确率分别为 91.17%、93.27%、94.9%。

7 月中旬进行二代螟虫发生面积和发生程度预测。选用 2016—2018 年加权亩残虫数、防治田百分比、防治田枯心率、防治田亩残虫量、防治田螟虫死亡率、未防治田枯心率、未防治田亩残虫量、未防治田螟虫死亡率等因子，对 2016—2018 年的二代螟虫发生面积和发生程度进行预测。预测结果表明，二代螟虫发生面积和发生程度的预测准确率分别为 93.03%、91.15%。其中，利用逐步回归分析，发现二代螟虫发生面积（Y_1）与防治田百分比（X_2）相关，$Y_1=11.950\ 1-0.097\ 5X_2$（$R_2=0.649\ 1$，$P<$

0.05)；发生程度（Y_2）受亩残虫数（X_4）和枯心率（X_6）影响，$Y_2=2.4275+0.0010X_4-0.0256X_6$（$R_2=0.4111$，$P<0.05$）。

（2）稻飞虱预测模型。

①长期预报模型。选取大竹县2016—2018年5月调查数据，包括始见期、迁入峰次、灯下总虫量、褐飞虱比率、5月田间高峰时间、5月高峰期百丛虫量等因子，对2016—2018年的发生面积和发生程度进行预测。预测结果表明，预测值与实际发生情况吻合度超过90%。

②中期预报模型。选取大竹县6—7月迁入峰次、灯下总虫量、褐飞虱比率、主迁峰诱虫量、田间高峰期百丛虫量、主迁入峰，以及8月气象数据平均温度、降雨量、相对湿度、降雨日数等因子，对2016—2018年的发生面积和发生程度进行预测，预测准确率为93.85%。

（3）稻瘟病预测模型。选取大竹县感病品种面积比、种子带菌率、稻草带菌率、苗瘟发生面积、平均发病株率、平均病情指数、急性型病斑占比、叶瘟面积、平均病叶率、平均病情指数、剑叶瘟率、平均温度、降雨量、相对湿度、降雨日数等因子，对当年穗瘟发生面积进行预测。利用BP神经网络拟合30年数据（1981—2003年、2007年、2010—2015年），对2016—2019年的穗颈瘟发生面积做出预测，结果表明，预测效果较好，$R=0.9814$。

（4）建立农作物重大病虫智能监测预警平台工具箱。农作物重大病虫智能监测预警平台工具箱是针对不同作物的不同病虫害所用模型，自动调取田间病虫害监测设备的监测数据和实时气象数据，根据已有的数据模型或者自定义的表达式及计算过程，进行算术和逻辑运算，并得出预测结果的公共平台，能够对高风险灾害进行预警，降低农作物受病虫害危害的可能。

3. 应用前景

（1）扩大预测模型应用范围。BP神经网络等人工智能模型需要的数据时间序列要足够长，从当前研究结果看至少需要30年以上的时间序列，且越多越好，否则构建出的模型不稳定，预测结果变异度较大，准确性差。当前，BP神经网络建立的预测模型已初步具备对水稻重大病虫害预测的能力，对四川大竹县、通江县的水稻螟虫、稻飞虱和稻瘟病的发生面积、发生程度预测准确度能够达到90%以上，但是能否准确预测其他县（市、区）以及省份范围内的病虫害还有待进一步研究。因此，下一步要扩大模型的应用范围，一是横向扩展，增加模型应用的县（市、区）数，在更多地区应用实践模型；二是纵向扩展，从县（市、区）扩大到省份，探究 BP 神经网络建立的模型如何对大区域内的病虫害发生程度等情况做到精准预测。

（2）提升农作物病虫预测模型工具箱实用性。农作物病虫预测模型工具箱适用于在不同地区、不同作物上开发病虫数字化预警系统，应用前景广阔，但是仍存在应用范围不广、用户数量少、准确性和时效性仍需要在实践中不断改进和检验等问题。未来将会在三个方面进一步完善提升，一是继续增加工具箱功能，开发工具箱命令语言体系，构建命令编辑环境，设计循环、条件语句等，扩大函数库，如字符操作函数、统计函数类型等，增加矩阵运算功能等；二是编写数据源接口，扩大田间自动采集设备种类，使工具箱能够顺利读取性诱、灯诱、气象设备数据，进行自动运算；三是编写通用语言接口，用户定制模型后，可以输出一套网页/App 代码，跨平台、独立于工具箱运行，从而适应不同用户需求、不同程序运行环境要求。

（二）基于中尺度粒子传播模型（HYSPLIT）的小麦条锈病大区流行预测模型开发与应用

小麦条锈病是一种典型的气传性大区流行病害，我国东部主产麦区春季流行以外来菌源为主。基于我国小麦条锈病不同流行区系之间的菌源传播规律，应用中尺度粒子传播模型（HYSPLIT）、高性能计算、遥感和气象大数据技术，分析其传播路径、沉降区域及发生风险，是实现大区流行病害动态监测、数值化预测和精准预警的有效途径。

1. 基础数据整理

基础数据来源于 2021 年 3—6 月小麦条锈病的监测周报数据及周降水量分布叠加图，监测指标包括县一级发生点的小麦条锈病发生始见时间、县级行政区中心经纬度、本周小麦条锈病发生面积、发生状态（程度）等。

首先根据小麦条锈病的县级发生数据，对菌源强度进行以县为单位的综合评估，并转换为菌源当量，以形成孢子源输入文件。利用数据模型分析，生成可供进行孢子传播路径数值预报分析的气象数据文件，并选取可覆盖中国行政区域的数据子集进行分析。

2. 孢子传播预测系统

基于小麦条锈病的气传特性，选取国际上成熟和先进的基于大气动力学实时预报算法的小麦条锈病菌孢子传播预报模型。该模型的核心为 HYSPLIT-4 系统（hybrid single particle lagrangian integrated trajectory，即拉格朗日混合单粒子轨迹模型），是由美国国家海洋和大气管理局（NOAA）的空气资源实验室和澳大利亚气象局在过去30 年间联合研发的一种用于计算和分析大气污染物输送、扩散轨迹的专业模型。该模型在美国小麦条锈病菌、非洲小麦秆锈病菌 UG99 小种传播风险分析、大豆锈病菌区域预报等气传性病原物的跨区传播和预报研究中得到广泛应用，并取得了很好的预测效果。在利用 HYSPLIT 对小麦条锈病菌的传播与预报研究中，我国已积累 10 余年研究与应用经验，因此该模型可用于我国小麦条锈病流行预测中。

3. 2021 年全国小麦条锈病发生情况分析

利用 HYSPLIT 模型，基于网格气象数据，对 3 月以来每周小麦条锈病传播的主要方向、路径和孢子传播浓度等进行了数值模拟分析，可形成逐周动态图并显示逐周孢子传播分析结果。图中可识别当周有小麦条锈病发生监测数据上报的县所在位置，用红色区域表示孢子高浓度传播范围，用橙色和黄色区域表示孢子中高浓度传播范围，用绿色区域表示孢子低浓度传播范围。

2020—2021 年度冬季全国平均气温历史同期第八高，为暖冬年份。华北中南部、黄淮、江淮、江汉、江南、华南中东部及四川西部、西藏、新疆西南部等地气温偏高1～2℃。同时中东部雨水自 3 月以后偏多，且有数次大范围降雨天气。受上述因素影响，2021 年春季小麦条锈病总体发生情况比较严重，早春发生面积大，流行速度快，传播远，特别是 3 月中旬后的数次大范围天气现象，导致安徽、山东、河南一带小麦条锈病快速大面积发生。

4. 应用前景

（1）基于病害周报数据和该周气象数据，对孢子传播区域和浓度进行 7 天的连续预测，对病害可能发生地区的预报时间为 2～3 周，如采用 7～15 天的预报气象数据，则可到 3～4 周。

（2）预测准确率。以未来 3 周发病可见为评判，准确率为 85%～95%。

（3）预测覆盖区域和时间。全国所有冬麦和春麦种植区可实现周年业务自动化运行。

（4）预测结果空间分辨率。目前为 20～25 千米，可指导市县级统防统治工作；未来可提升到 5～10 千米，可指导村乡级精确防治。

（5）效益。减少低风险区域无效田间调查，协助高风险区域工作安排，合理调度，精确用药。

（三）全国草地贪夜蛾监测预警信息化平台建设与应用

针对世界重大农业害虫草地贪夜蛾侵入我国并快速扩展的严峻形势，为满足农业农村部掌握各地草地贪夜蛾发生情况和防治工作进展的需要，在2019年建成的全国草地贪夜蛾发生防治信息调度平台基础上，2021年持续优化平台架构、完善功能，特别是强化发生动态展示、监测设备联网和数据融通等功能，进一步完善监测预警信息化平台，边应用、边研究、边拓展，做到虫情信息传输及时快速、客观全面，展示要素突出、形象直观、针对性强。

1. 平台构架

平台采用模块化构架，包括基础设施层、数据资源层、应用支撑层、系统应用层四个层级。

（1）基础设施层。平台除网络、服务器等基础设施外，还包括常规测报灯、高空测报灯、性诱捕器以及昆虫雷达等专用监测设备，以及手机、照（摄）像机等便携式采集设备，这些设施设备用于田间虫情监测和信息采集，还有专业人员的调查和普查，都为平台提供了重要基础资源。

（2）数据资源层。即由设施设备和人工监测调查获得的信息数据库。信息采集按渠道不同分为灯诱、性诱和雷达采集成虫信息，专业人员调查的发生和防治信息，以及来自其他渠道的天气信息等，如嵌入与成虫迁飞相关的风场、与昆虫发育相关的气温和降水量等。按报送频率不同分为首见成虫或幼虫的日报，成虫诱集量、幼虫发生防治信息周报，以及大田普查的月报。根据信息性质不同分别进入不同类别数据库类群。

（3）应用支撑层。包括信息资源目录和交换系统，以及应用组件群、安全组件群、信息化支撑体系、平台支持组件。这些组件（群）为平台各项功能的实现和持续安全使用提供了重要保障。

（4）系统应用层。根据用户层级不同而设计。由首页、数据填报、数据汇总、数据分析、GIS（地理信息系统）展示、监测预报、填报统计和知识库8个基本模块组成（图2-1）。

图 2-1　平台基本构架

2. 实现功能

（1）首页展示。首页以图表形式展示草地贪夜蛾最新发生和防治动态，包括 3 个方面内容，即地图上动态展示发生省份发生面积逐周扩展动态、全国累计发生面积和累计防治面积逐周折线图、全国草地贪夜蛾发生防治周报表，这些内容是了解当前发生和防治具体数据和动态情况最便捷的渠道。

（2）数据填报。数据填报是平台的基石，是实现平台各项功能的保障。数据填报涉及 4 类表格：首见表、周报表、月报表（表 2-2）。其中，首见表包括成虫和幼虫首次发现报送表，周报表包括发生防治周报表、逐日蛾量周报表，月报表指玉米发生普查月报表，都由县级填报，省级或国家用户可代填。省级对各县填报情况进行审核、更正和补充，上报后自动形成全国发生防治情况周报表该省份的内容。以上报表内容，既可掌握草地贪夜蛾种群扩展动态、幼虫发生危害和防控总体情况，还可掌握各类诱测工具的应用效果，可从宏观和微观上更全面地了解虫情动态。

表 2－2　草地贪夜蛾监测信息报送任务表

级别	报表名称	报送时间	报送频次
县级	草地贪夜蛾成虫首次发现报送表	见成虫当日报	1次/年
	草地贪夜蛾逐日蛾量周报表	见成虫当周启动	1次/周
	草地贪夜蛾幼虫首次发现报送表	见幼虫当日报	1次/年
	草地贪夜蛾发生防治县级周报表	见幼虫当周启动	1次/周
	草地贪夜蛾玉米发生普查月报表	见幼虫当月启动	1次/月
省级	草地贪夜蛾发生防治省级周报表	周三报	1次/周
部级	全国草地贪夜蛾发生防治周报表	周三报	1次/周

（3）数据汇总。数据汇总除省级、全国逐级汇总周报表、月报表外，还对4类表格实现发生地区、时段、作物、面积、虫量等任一字段汇总，以及选定时间1～6个字段的筛选，并实现以上数据的导出，极大地方便了所需信息的查询，提高了数据利用效率。如筛选当周平均百株虫量大于10头的县数，掌握需要防治的区域和面积，筛选高空测报灯、常规测报灯、性诱捕器各类工具诱蛾量大于30头等不同数量的县数，根据工具种类、高蛾量分布区域即可判断种群迁飞动态等重要信息。

（4）数据分析。数据分析是对基础数据的挖掘，分为综合分析和专业分析。综合分析包括总体发生防控情况分析和首次发生时间分析两类，总体发生防控情况分析包括全国和分省当年及上几年发生县数、累计发生面积、累计防治面积等，以柱状图和折线图形式展示。首次发生时间分析包括2019年以来各年度逐日新增县数柱状图、各年度逐日新增县数折线图，可直观展示虫情发生动态及其年度间的比较。专业分析，主要展示被害株率、卵量、成虫量等具体指标的动态。

（5）GIS展示。GIS展示模块是平台的核心功能和基础信息的升华，为平台最突出的功能，力求展示要素突出、直观形象、针对性强。平台有3类GIS展示图，即首次发现时间、首次发现时间对比和发生县数分布，GIS展示图均可选择时间并实现发生数据的导出功能。

①首次发现时间GIS展示图。分幼虫、成虫两种虫态首次发现时间展示，主要目的为展示虫情扩展区域和扩展速度。每月的新发县以不同颜色表示，由点位图和填充图形式实时更新展现，鼠标点GIS图任意见虫县即显示各县名称、首见时间及其经纬度。还可突出显示本周新增发生县数量及分布，反映出本周扩展的主要区域。

②首次发现时间对比 GIS 展示图。在首次发现时间单年度展示的基础上，实现任意两年的同视窗展示，可以直观反映出年度扩展速度和区域的差异。

③发生县数分布 GIS 展示图。可实现发生县年度发生频次的展示，如展示 2020—2022 年 1～3 年见虫县的分布，直观展示各年度虫情的变化情况。

（6）监测预报。监测预报模块创新了平台开发的新功能，首次将中国农业科学院植物保护研究所吴孔明院士团队研发的图像识别、发生期和发生量预测、实时风场和迁飞轨迹预测及昆虫雷达监测等纳入平台，开拓了迁飞性害虫天空地一体化监测预警系统建设的先河。

①图像识别。以靶标草地贪夜蛾图像识别为核心功能，可实现玉米田以夜蛾科为主的 30 余种昆虫的识别，灯下成虫图像识别功能可识别 120 余种常见昆虫成虫，目前已建成包含 5 万张较高清晰度图片的图片库，平均识别准确率为 91.96%。

②发生期和发生量预测。输入选定的地点（可自动定位）、寄主作物、预测时间范围以及初始虫源的虫态和数量，平台分别采用日平均积温法、生命表参数，预测关心时段各虫态发生期和发生量。其中，温度和湿度等气象数据来自国家气象信息中心，包含 839 个气象观测站近 10 年的历史数据；生命表参数可选田间调查经验参数和实验室测定参数，后者是草地贪夜蛾在不同温度、湿度条件下取食不同寄主植物的存活率和种群增殖率，计算出各发育阶段的存活率和种群的繁殖力。

③实时风场和迁飞轨迹预测。在雷达种类识别和实时监测的基础上，通过将昆虫迁飞行为参数化，结合 WRF 插值的高精度气象背景场，用数值方法模拟出高分辨率的风温场，构建了昆虫迁飞轨迹和起落点预测模型（InsectTrace-WRF），可预测 1 周内昆虫的迁飞轨迹和起落点。继而根据雷达观测到的有效方位的飞越虫量及轨迹分析，可推算出其迁入区和迁入量，从而做出量化的区域尺度虫情预报。单部雷达通常可以预测 200～500 千米距离，在迁飞路径上，布设多部雷达可以连续推测多日昆虫轨迹和落点，实现大区域联合预测。目前已将云南江城、寻甸、澜沧等地雷达实现联网，并在平台中显示最新监测结果。

（7）填报统计。填报统计有站点统计和报表统计两项，是对全国、省级和县级报送情况的总结，全面反映总体工作情况，可作为任务完成考核的重要依据。

（8）知识库。知识库中有草地贪夜蛾虫态特征、危害状、生物学习性、防治技术等内容，包括图片、视频和文字等形式，便于用户对这一新发害虫相关知识进行学习。

3. 应用展望

（1）探索接入物联网工具，实现监测数据的实时获取。《全国动植物保护能力提升工程建设规划（2017—2025 年）》自 2017 年实施以来，已在 28 个省份投资建设农作物病虫疫情分中心（省级）田间监测点，在 462 个县建设重点监测点 469 个、一般监测点 1 734 个，配备监测设备 18 270 台（套），其中的重点监测点都配备了害虫性诱和虫情测报灯等物联网监测设备，这些设备具有自动识别和计数功能。进一步开发平台的数据接口，实现虫量数据的实时获取与传输，达到“有机能替人、有物能互联”，实现测报手段升级换代。

（2）探索与天气系统平台信息偶联。昆虫的迁飞过程受到多种大气过程的影响，大气环流和大尺度天气系统为昆虫提供了远距离迁移的运载工具和物理环境，中小尺度大气运动决定了迁飞种群的空中动态和地面分布，因此，获取与害虫迁飞相关的重要天气信息，是提高迁飞性害虫迁入时间和区域预测准确性的重要因素。草地贪夜蛾在我国北迁南回同样受到天气气候的影响，最为典型的事件就是 2020 年 8 月 10 日至 10 月 24 日间，辽宁省丹东、大连等 6 个地级市的 11 个县级行政区 41 个乡镇先后确认发现雄蛾 551 头，推测是由于 2020 年第 4 号台风黑格比、第 8 号台风巴威、第 9 号台风美莎克和第 10 号台风海神先后影响东北地区，台风是草地贪夜蛾扩散至辽宁的诱因。昆虫迁飞预测平台中嵌入天气系统信息，成为提高预测准确性的重要因素，需要加强植保与气象部门的深入合作，探索实现高效预测有效途径。

（3）实现昆虫雷达联网，突破迁飞性害虫监测的技术瓶颈。针对雷达监测区域大、信息获取能力强、解算速度快、自动化程度高的特点，实现雷达联网是突破以草地贪夜蛾为重点的迁飞性害虫监测的关键技术。目前我国自主研发的全极化 ku 和 x 波段垂直雷达可获取昆虫个体的高度、速度、朝向、体重、体宽等生物学参数，实现个体回波数据分离，从而达到昆虫种类的自动识别。截至 2022 年 6 月底，我国科研单位配备昆虫雷达 18 台、推广部门 11 台、大学 3 台、企业 2 台，目前主要部署在云南、广西、海南、四川、河南、山东等边境区域和昆虫重要迁飞通道上。计划未来利用 2～3 年时间，采用边研究边应用的方式，加快推进迁飞性害虫雷达监测应用步伐，实现“通过雷达网的大尺度监测和高空灯、地面灯、性诱捕器的小尺度监测网的一体化运行，精准定位定量草地贪夜蛾的成虫迁移动态，并通过网络实时发布”的目标。

第三章 农作物重大病虫危害与防治

一、粮油作物病虫害防治

2021 年，农业农村部认真落实中央关于农业农村重点工作总体部署，全国农作物病虫害防控工作紧紧围绕“保供固安全、振兴畅循环”的工作定位，按照《2021 年全国“虫口夺粮”保丰收行动方案》要求，全力以赴抓好重大病虫害防控指导和绿色防控工作，减轻危害损失，为保障国家粮食安全、农产品质量安全和生态环境安全做出了积极贡献。

（一）水稻病虫害

1. 防控行动

根据农业农村部组织开展全国“虫口夺粮”保丰收行动的安排，全国农业技术推广服务中心制定了《2021 年水稻重大病虫害防控技术方案》，组织各地做好水稻病虫害防治技术推广，指导各地开展水稻重大病虫害防治。3 月，农业农村部召开全国农作物重大病虫害防控工作视频会，部署重大病虫害防控行动，提出坚决打赢“虫口夺粮”攻坚战，保障国家粮食安全。8 月，线上组织召开全国秋粮重大病虫害防控现场会，安排水稻等重大病虫防控工作，保障秋粮生产安全。

2. 技术进展

（1）开展绿色防控技术试验示范。在吉林、广东、贵州等省建立 3 个水稻病虫害绿色防控示范区，分别开展北方稻区主要病害种子处理和穗期预防、南方稻区双季稻病虫害全程绿色防控等技术开发和集成。开展了 3%噻霉酮微乳剂防治水稻细菌性病害、40%咪铜・氟环唑悬浮剂防治水稻穗腐病和稻曲病、24%井冈・乙蒜素微乳剂防治水稻纹枯病和稻曲病、1%印楝素水分散粒剂防治水稻二化螟，以及水稻稻纵卷叶螟性信息素田间诱捕量试验，为进一步示范推广提供科学依据。

（2）集成水稻病虫害防治技术模式。全国农业技术推广服务中心联合中国水稻研究所，针对水稻种子带菌和苗期侵染的恶苗病、干尖线虫病、细菌性条斑病、细菌性穗枯病等病害，开发集成了以种子处理、营养生长期叶面喷雾、穗期保护为核心的水稻病害“一浸两喷”精准防控技术模式，该技术被列入2021年农业主推技术。

（3）开展防控技术指导调研。在水稻重大病虫害防控关键时期，全国农业技术推广服务中心赴广州化州、高州等地开展重大病虫害防治督导和技术指导，并就水稻秸秆还田对水稻细菌性条斑病发生影响进行专题调研。各地植保机构及时组织人员力量下沉一线，深入田间地头指导农民开展重大病虫防治。

3. 防控成效

2021年，各级植保部门围绕保障粮食安全、质量兴农和绿色发展、农药减量总体目标，针对稻飞虱、稻纵卷叶螟、二化螟、水稻纹枯病、稻瘟病、稻曲病等主要病虫害，以及三化螟、大螟、稻秆潜蝇、黏虫、南方水稻黑条矮缩病、水稻细菌性条斑病、水稻根结线虫病等局部发生病虫害，狠抓防治任务落实，开发和示范绿色防控新技术，不断提升水稻病虫害防治技术水平，持续推进水稻病虫害的可持续治理。水稻病虫害得到有效控制，全国水稻病虫害防治面积17.48亿亩次，挽回稻谷损失2 620万吨。

（二）小麦病虫害

1. 防控行动

党中央、国务院高度重视小麦病虫害防治工作，农业农村部要求各级农业农村部门早谋划、早准备、早防治，创新方式方法，工作抓实抓紧，措施落细落小，坚决打赢“虫口夺粮”攻坚战。农业农村部年初印发《2021年全国“虫口夺粮”保丰收行动方案》，先后组织召开了小麦条锈病和赤霉病防控现场会，举办小麦秋播拌种技术培训班，分区域、分阶段推进小麦病虫害防控工作。3月下旬，农业农村部商财政部紧急下拨10亿元中央农业生产救灾资金，其中3.5亿元专门用于小麦重大病虫害防控。各地财政累计投入防控资金17.4亿元。

各地植保机构加强监测预警，加大监测范围，加密监测频率，加强信息报告，加快预报预警；加强防控技术指导和服务，大力推广小麦条锈病“带药侦察、打点保面”、小麦赤霉病“主动出击、见花打药”、蚜虫等小麦穗期病虫“控替结合，一喷多防”。大力开展绿色防控示范，推广绿色防控技术模式，在黄淮海小麦主产区应用小麦-油菜、小麦-蛇床草等生态控制技术，有效保护和利用自然天敌，控制蚜虫等主要害虫；在江淮、黄淮海南部小麦赤霉病常发区积极开展替换药剂的筛选，组织丙硫唑、氟唑菌酰羟胺等新药剂防治技术示范，小麦病虫害绿色防控覆盖率明显提高。据统计，2021 年全国建立各级小麦病虫害绿色防控示范区 1 000 多个，其中国家级全程绿色防控示范区 2 个，绿色防控关键技术示范区 10 个，省级绿色防控示范区 50 多个，地市级示范区 200 多个，县级示范区 730 多个，2021 年全国小麦病虫害绿色防控覆盖率达 47.24%。针对小麦条锈病、赤霉病、穗蚜偏重发生态势，各地十分重视小麦“两病一虫”的统一防治，组织开展无人机飞防等专业化统防统治，提高了防控的时效性。

2. 技术进展

（1）小麦秋播拌种技术。秋播药剂拌种是一项防治关口前移、压低病虫基数、有效预防控制小麦病虫危害的关键技术措施。做好小麦秋播拌种，能够有效控制地下害虫和种传、土传病害及秋冬季小麦苗期病虫害，为全年小麦病虫害防控打好基础。

（2）小麦条锈病菌有性生殖治理技术。小檗作为小麦条锈病菌有性生殖的主要寄主，可通过铲除麦田周边 50 米内小檗，或在初侵染期选用三唑类药剂喷雾防治，阻断病菌的有性生殖。将麦秸带离麦田进行粉碎再利用，或对麦田和小檗附近的小麦秸秆堆垛进行遮盖，阻止小麦病菌（冬孢子）向小檗传播。铲除麦田及周边杂草，减少病菌寄主和菌源量。

（3）小麦赤霉病全程防控技术。播种前及时耕翻土壤，粉碎作物病残体，减少田间初侵染菌源数量。自小麦播种期始，在小麦赤霉病常发区选用中等抗性品种，如长江流域麦区选用苏麦、扬麦等系列品种。做好小麦秋播拌种及种子筛选，减少种子带菌率。抓好抽穗至扬花期喷药预防，见花打药、主动预防，做到“扬花一块、防治一块”，遏制病害流行。药剂品种可选用氰烯菌酯、丙硫菌唑、氟唑菌酰羟胺等药剂及其复配剂。施药后 6 小时内如遇雨，雨后应及时补治。如遇持续阴雨，第一次防治结束后，需隔 5～7 天进行第二次防治，确保控制流行趋势。

（4）小麦中后期“一喷三防”技术。小麦中后期病虫害发生较为集中，特别是后期生长关键时期易受春夏季高温高湿不利条件影响，对小麦产量影响较大。“一喷三防”技术是一项专业性强、时效性高的技术措施，通过喷施杀虫及杀菌剂、叶面肥、植物生长调节剂的复配剂，达到防病虫害、防干热风、防早衰的目的，对小麦中后期增产具有较大帮助。

（5）小麦病虫害全程绿色防控技术。对小麦从播种到中后期病虫防治实施全过程绿色防控措施，主要包括：按不同地区病虫发生情况进行小麦抗（耐）病品种布局；推行精细整地、适墒适量适期播种，以及播后镇压和及时灌溉等田间管理措施；秋播药剂拌种预防控制土传、种传病虫害和地下害虫以及苗期病虫害发生危害。在地下害虫成虫期，选择合适的诱集产品，在成虫集中发生区域，成虫交配期等关键期，开展理化诱杀；有条件的地方释放蚜茧蜂等天敌昆虫进行生物防治；小麦生长中后期开展“一喷三防”，防病虫害、防干热风、防早衰。通过实施小麦全生育期绿色防控措施，起到农药减量、减损增效的目的。

3. 防控成效

据统计，小麦病虫害累计防治面积 12.1 亿亩次，经有效防治，小麦条锈病流行强度得到有效遏制，小麦赤霉病发生面积比预测面积减少 5 000 多万亩，危害损失率控制在允许损失指标以下，防控挽回产量损失 365 亿千克，比上年增加 15 亿千克左右。特别是由于赤霉病得到及时有效防治，大幅提高了小麦质量，安徽、江苏、山东等省农业植保部门反映，小麦产量和质量明显好于常年（赤霉病防治区域病穗率在 5%以下，比不防治区域下降 40～60 个百分点）。

（三）玉米病虫害

1. 防控行动

针对草地贪夜蛾、玉米螟、黏虫、棉铃虫、地下害虫、玉米大斑病、玉米小斑病、玉米南方锈病、玉米褐斑病等主要病虫害以及局部暴雨、台风等极端天气影响，农业农村部印发《奋战 100 天抗灾夺秋粮丰收行动方案》《黄淮海洪涝灾害后玉米等主要农作物病虫害防治技术指导意见》，先后组织召开长江流域 10 省份、黄河流域 9 省份的草地贪夜蛾防控现场会，分区域对草地贪夜蛾防控工作进行再动员、再部署、再落实。8 月上旬组织召开秋粮重大病虫害防控视频会，要求压实责任、分类施策、加强督导、强化绿控。11 月全国农业技术推广服务中心举办草地贪夜蛾暨玉米病虫害综合防控技术网络培训班，全国玉米主产省、市、县植保机构 1 200 多个分会场的植保技术人员参加了培训学习。河南省在玉米病虫害防治工作中，全省共出动劳力 345.86 万人次，举办培训班（会）2 888 期（次），印发技术资料 258.79 万份，培训人数 127.31 万人次。山东省重点抓住玉米化学除草、苗期病虫防治、中后期“一防双减”等病虫防治关键时期，开展病虫草害专业化统防统治 5 000 万亩次。云南省建立草地贪夜蛾省级示范区 15 个，核心示范 3.482 万亩，辐射带动 30.2 万亩，形成技术模式 7 种。

2. 技术进展

（1）防控技术试验示范。针对草地贪夜蛾、玉米叶部病害、地下害虫、穗期病虫，在 9 省 11 地开展新技术、新产品试验示范。玉米全程综合解决方案主要包括种子处理，苗期、大喇叭口期和抽雄期三次茎叶喷雾防治，综合解决方案防效比常规对照提高10～20 个百分点；新药剂试验对草地贪夜蛾幼虫药后 3、7、10、14 天的防效保持在 90%以上，在比对照药剂有效成分用量减少 1/3 的情况下达到了较好的防治效果。针对玉米穗期鳞翅目害虫开展食诱剂防治试验，处理区 20 天后蛀穗率比常规防治区低 6.8 个百分点，亩增产 23.7 千克。

（2）综合防控技术推广。通过制定防控技术方案、编撰一类农作物病虫害防治技术挂图及手册、总结种植业生产主推技术、录制广播节目、组织培训等形式，加强玉米重大病虫防控技术推广。在综合防控措施上坚持分区施策、联防联控，突出绿色防控技术集成应用。针对蛀食性害虫积极推广灯诱、性诱、食诱以及生物防治，抓住低龄幼虫防控关键期；针对地下害虫及苗期害虫，通过播前灭茬清茬破坏适生环境，利用多种作用机理或成分的种衣剂拌种或包衣。河北省建立玉米病虫害绿色防控示范区 56 个，示范区内核心示范面积 18.1 万亩，辐射带动面积 286.7 万亩，绿色防控覆盖率达到 91.56%，单位面积化学农药减量 39.18%，核心示范区绿色防控主推技术到位率 98.43%，相对空白对照增产率 9.02%。据初步统计，2021 年全国玉米病虫害生物防治面积 1.77 亿亩次，理化诱控面积 1.04 亿亩次，绿色防控覆盖率 45.75%。

3. 防控成效

各级农业农村和植保部门牢固树立抗灾夺丰收思想，全力以赴抓好玉米重大病虫害防控和防灾减灾。对草地贪夜蛾采取“三区四带”布防，将其发生控制在西南、华南地区，黄淮海等玉米主产区未造成产量损失。据统计，全国玉米病虫害防治面积 9.32 亿亩次，玉米田杂草防治面积 4.88 亿亩次，挽回玉米产量损失 4 300 多万吨。

（四）马铃薯病虫害

1. 防控行动

各产区持续加强马铃薯病虫害绿色防控示范区建设，开展新技术试验示范及绿色防控技术推广，带动各地马铃薯病虫害绿色防控发展，为农药减量起到巨大推进作用。其中，河北省2021年利用省级农药减量增效技术集成示范项目资金，在张北、沽源、围场3县建立5个马铃薯病虫害绿色防控示范点，利用黄板诱杀、生物农药等绿色防控技术集成了一套马铃薯病虫害绿色防控技术模式，核心示范面积5 000亩，辐射带动面积14.6万亩，绿色防控覆盖率达到70.67%，单位面积化学农药减量31%，带动了河北省马铃薯病虫害绿色防控技术大面积推广应用。

2. 技术进展

（1）马铃薯晚疫病远程自动监控系统定点精准监测技术。在引进比利时马铃薯晚疫病预警模型的基础上逐步完善形成的马铃薯晚疫病远程自动实时监控系统预警预报准确率达97%，较经验预测提高近20个百分点，提升了马铃薯晚疫病预警的及时性和准确率，为科学防控奠定了基础。

（2）微型薯整薯种植及配套农业防治技术。种薯切块种植是传统的栽植技术，可造成病毒病等多种病害的传播。微型薯整薯种植结合轮作倒茬、催芽晒种等农业防治技术，可有效减少马铃薯病害的发生，是一项非常有效的绿色防控技术。

（3）马铃薯害虫理化诱控技术。采用可降解黄板、多功能诱捕器等诱杀蚜虫、地下害虫等主要害虫。在有翅蚜发生盛期，田间设置可降解黄板诱杀有翅蚜，同时设置多功能害虫诱捕器诱杀小地老虎、金龟子等鳞翅目成虫。

（4）植物微生态制剂配合化学药剂防治马铃薯种传、土传病害技术。应用以枯草芽孢杆菌为主的植物微生态制剂，抗重茬防种传、土传病害，具有防效高、绿色、经济的特点。据调查，该技术可促进马铃薯健康生长，减轻植株病害，对重茬马铃薯粉痂病等防效可达43.6%，亩增产16.2%。

（5）植物源农药防治马铃薯晚疫病技术。选用丁子香酚等生物农药防治马铃薯晚疫病，具有保护期长、治疗速度快、成本低等特点，喷施1～2天后病斑即干枯治愈，边缘不再向四周扩展，对马铃薯晚疫病防效在80%以上，实现绿色防控、减药增效、生物农药替代化学农药的目标。

（6）种薯播种药剂处理技术。选用防治真菌性和细菌性病害的杀菌剂和杀虫剂等化学药剂拌种，对防治种传、土传病害和地下害虫、蚜虫有事半功倍的防治效果。防治晚疫病可选用甲霜灵、甲基硫菌灵、嘧菌酯等，防治地下害虫可选用辛硫磷等。

3. 防控成效

2021 年，全国马铃薯产区高度重视马铃薯病虫害防控工作，及时开展监测预警、组织防控行动，取得显著成效。据统计，2021 年全国马铃薯病虫防治面积 8 500 万亩次，是发生面积的 1.23 倍，防治处置率 95%以上。据测算，各地经防治挽回损失 169.23 万吨，其中，晚疫病挽回损失 94 万吨，占总挽回损失的 55.8%。

（五）大豆病虫害

1. 防控行动

2021 年 5 月农业农村部部长唐仁健在黑龙江调研时强调，对标对表粮食生产目标任务，加快推进大豆在品种、农艺等方面的创新突破。7 月，针对黄淮海地区持续降雨和局地洪涝，农业农村部派出专家组赴河南、河北指导灾后农业生产恢复，制定大豆抗洪涝促生长技术意见，指导农民因灾因苗因时开展防灾减灾。10 月，在河北省石家庄市藁城区召开全国玉米大豆带状复合种植现场观摩会。

2. 技术进展

以健身栽培为基础，综合应用农业防治、理化诱控、生物防治和科学用药等防控措施，实施病虫害全程综合防治。

（1）农业防治。合理轮作，深翻土壤，及时清除大豆田杂草和枯枝落叶，避免施用未腐熟的有机肥。

（2）地下病虫害防治。利用含有精甲・咯菌腈、噻虫嗪等成分的种衣剂进行种子处理，防控根腐病、胞囊线虫病、根蛆及其他地下害虫。

（3）花期病虫防控。选用咪鲜胺、菌核净、高效氯氟氰菊酯、苏云金杆菌、食诱剂等药剂防控菌核病、苜蓿夜蛾、棉铃虫、斜纹夜蛾、大豆蚜虫等病虫害。

（4）结荚鼓粒期病虫防控。利用吡唑醚菌酯、氟环唑、嘧菌酯等成分的杀菌剂预防控制大豆叶斑类病害，利用溴氰菊酯、氯虫苯甲酰胺、球孢白僵菌等防治大豆食心虫、豆荚螟、点蜂缘蝽等害虫。

3. 防控成效

据统计，2021 年全国大豆病虫害发生面积 9 700 万亩次，防治面积 9 837 万亩次，挽回产量损失 59.35 万吨。绿色防控面积 4 194.6 万亩次，绿色防控覆盖率 45.98%。从黑龙江嫩江大豆绿色防控示范区的效果看，示范区病害综合防效 78%，虫害综合防效 84%，亩增产 18.1 千克，增产率 10.3%，亩增收 56.15 元。

（六）花生病虫害

1. 防控成效

2021 年，全国花生病虫害发生面积 1.23 亿亩次，防治面积 1.48 亿亩次，挽回损失 121.4 万吨。绿色防控面积 2 103.6 万亩次，绿色防控覆盖率 42%。从河南开封祥符示范区的效果看，花生叶斑病防效 86.19%，花生茎腐病防效 85.23%，花生白绢病防效 79.84%，棉铃虫防效 96.99%，蛴螬防效 80.65%，综合防效达 85.78%，核心示范区较农民自防区亩均增产 80.6 千克，投入产出比 1∶6.16。

2. 技术进展

在花生主产区建立花生病虫害绿色防控示范区，通过采用农业措施、种子处理、理化诱控、生物防治等综合技术措施，配合宣传培训，带动花生病虫害绿色防控工作开展。

（1）农业措施。因地制宜选用抗病品种，翻耕灭茬，起垄栽培。

（2）种子处理。选用噻虫胺种子处理微囊悬浮剂、咯菌腈悬浮种衣剂进行种子处理，防治地下害虫、花生根腐病、花生茎基腐病等。

（3）物理防治。利用食诱剂、频振式杀虫灯诱杀棉铃虫、甜菜夜蛾、斜纹夜蛾、金龟子等成虫，利用黄、蓝板诱杀蚜虫、蓟马等害虫。

（4）生物防治。在病虫害发生初期利用阿维菌素喷雾防治叶螨、蚜虫、蓟马等，喷施宁南霉素防治花生叶斑病，枯草芽孢杆菌防治花生白绢病，利用多效唑等植物生长调节剂控旺。

二、经济作物病虫害防治

（一）棉花病虫害

1. 发生概况与防控成效

2021 年，全国棉花病虫害发生面积 8 127.40 万亩次，比 2020 年减少 1 221.33 万亩次，其中虫害和病害分别发生 6 730.64 万亩次、1 396.76 万亩次，分别比 2020 年减少 1 065.56 万亩次和 155.77 万亩次，因病虫危害皮棉实际损失 17.71 万吨，比 2020 年增加 4.63 万吨。发生范围广、面积大的病虫主要有棉蚜、棉盲蝽、棉叶螨、棉铃虫、棉蓟马、棉花立枯病、棉花猝倒病、棉花炭疽病等，次要病虫烟粉虱、斜纹夜蛾、棉花红叶茎枯病等在局部棉区发生。2021 年，全国棉花病虫害防治面积 9 928.54 万亩次，比 2020 年减少 1 419.25 万亩次，其中害虫防治面积 8 553.05 万亩次，病害防治面积 1 375.49万亩次，挽回皮棉损失 78.11 万吨，取得了良好的防治成效。

2. 技术进展

（1）绿色防控技术示范。在河北邱县建立棉花病虫害绿色防控示范区，开展以生态调控、性诱剂诱杀、生物农药为主要技术的试验示范。

（2）新技术试验。在河北、江西等地组织开展 25％寡糖・乙蒜素微乳剂、5％氨基寡糖素水剂等微生物菌剂防治棉花苗病、枯黄萎病等田间效果试验，为进一步示范推广提供科学依据。

（3）硫丹替代技术推广。在全球环境基金“中国硫丹淘汰项目”支持下，在西北内陆棉区开展技术培训、残留量调查等活动。结合项目实施，强化了基层农技人员和受训棉农有关硫丹淘汰和应用替代技术的认知程度，推广了利用自然天敌、释放赤眼蜂等天敌昆虫、应用微生物农药等绿色防控技术。

（二）蔬菜病虫害

1. 发生概况与防控成效

2021 年，全国露地蔬菜发生的主要病害为白菜霜霉病、软腐病、黑腐病等，番茄晚疫病、早疫病、灰霉病等，辣椒疫病、炭疽病、病毒病等，瓜类霜霉病、白粉病、炭疽病、细菌性角斑病、枯萎病、根结线虫病等，十字花科蔬菜根肿病等；虫害为菜蚜、菜青虫、小菜蛾、黄曲条跳甲、斜纹夜蛾、甜菜夜蛾、蔬菜潜叶蝇类、粉虱（烟粉虱、白粉虱）、棉铃虫、蓟马、叶螨、蛴螬、瓜类实蝇、根蛆等。设施蔬菜发生的主要病害为番茄灰霉病、病毒病、根腐病、茎基腐病、根结线虫病，黄瓜靶斑病、褐斑病、细菌性角斑病、霜霉病，辣椒灰霉病、软腐病、疫病等；虫害为粉虱（烟粉虱、白粉虱）、蚜虫、叶螨、蓟马等。据不完全统计，蔬菜病虫害发生面积 4.52 亿亩次，防治面积 6.15 亿亩次，挽回损失 3 797.60 万吨，实际损失 624.68 万吨。

（1）绿色防控技术应用不断扩大。蔬菜病虫害绿色防控平均覆盖率达到 44.44％，比 2020 年提高 4.82％；生态调控面积达到 4 814.94 万亩次；生物防治面积达到 17 801.79万亩次，其中微生物制剂应用面积 8 417.61 万亩次，天敌昆虫应用面积

179.06 万亩次，农用抗生素应用面积 3 354.01 万亩次，植物源农药应用面积 2 114.93 万亩次，免疫诱抗剂应用面积 540.92 万亩次，其他生物制剂应用面积 3 195.26 万亩次；物理防治面积达到 10 082.69 万亩次，其中黄板应用面积 6 253.31 万亩次，灯诱应用面积 1 709.52 万亩次，防虫网应用面积 963.80 万亩次，性诱剂和食诱剂等应用面积 1 156.06 万亩次。

（2）豇豆减药控残绿色防控技术不断提升。为持续推进食用农产品“治违禁　控药残　促提升”三年行动，有效控制豇豆、韭菜、芹菜（“三棵菜”）蓟马、斑潜蝇等病虫害，根据不同豇豆生长季节、不同种植区域特点，开展绿色防控技术集成示范，初步形成了以生育时期和作物空间相结合、物理防治和生物防治相结合、不同作用机制药剂相组合的防治技术，通过举办全国“三棵菜”绿色防控技术培训班，召开豇豆减药控残绿色防控技术研讨视频会，印发《全国豇豆减药控残绿色防控技术指导意见》《冬春季豇豆病虫害绿色防控技术集成示范方案》，组织冬春季豇豆绿色防控示范等系列工作，为蔬菜提质增效、品质安全、生态安全提供技术保障。

（3）绿色防控影响力不断扩大。加大培训力度，重点培训基层植保、农技人员以及新型农业经营主体；结合《农产品质量安全法》的宣贯落实，拓展宣传途径，推动蔬菜病虫害绿色防控技术示范推广应用；大力推进蔬菜绿色防控示范县或示范区建设，部分蔬菜主产县被遴选为全国农作物病虫害绿色防控示范县。

2. 技术进展

大力推广“以健康栽培为基础，以生态调控、免疫诱抗、理化诱控、生物防治为主体，化学药剂防治为辅助”的全程绿色防控技术。

（1）强化农业防治措施应用。采取合理轮作、选择抗（耐）病品种等防病措施，重视土壤消毒，发挥地膜覆盖的生态调控作用；蔬菜采收后及时清理残茬，减少虫源；夏季深翻耕后高温闷棚；采用嫁接育苗防治瓜类枯萎病、茄子黄萎病、茄果类青枯病及果菜类根结线虫病等。十字花科蔬菜根肿病以农业生态调控技术（以土壤调理为主）为基础，种子包衣、带药移栽等关口前移措施为关键，提高防治效果。

（2）推广以虫（螨）治虫（螨）、以菌治病（虫）技术。采用东亚小花蝽防控蓟马，烟盲蝽和丽蚜小蜂防治粉虱，捕食螨防治叶螨；采用多黏类芽孢杆菌、蜡质芽孢杆菌、枯草芽孢杆菌、木霉菌等微生物菌剂对种苗和土壤进行处理防治土传病害；采用苏云金杆菌、小菜蛾颗粒体病毒、球孢白僵菌、短稳杆菌和多杀霉素防治小菜蛾；采用斜纹夜蛾核型多角体病毒和短稳杆菌防治斜纹夜蛾；采用苏云金杆菌、金龟子绿僵菌、甜菜夜蛾核型多角体病毒和苜蓿银纹夜蛾核型多角体病毒防治甜菜夜蛾；采用球孢白僵菌防治粉虱等。

（3）推广蜜（熊）蜂授粉。在番茄上推广熊蜂授粉技术，在草莓和西甜瓜上推广蜜蜂授粉技术。在替代传统化学激素应用的同时，大大降低了人工授粉的投入，促使农民使用低毒、低残留、对授粉昆虫影响小的药剂或植保产品，每茬作物减少化学农药使用1～3次。

（4）集成应用理化诱控措施。在海南省三亚、乐东等冬季豇豆主产区，推广“防虫网+”技术开展蓟马、斑潜蝇等害虫的防治，减少农药使用50%以上，为实现豇豆“控农残、治违禁、提质增效”目标提供技术支撑。对危害韭菜、葱、姜、蒜的韭蛆、种蝇等根蛆类害虫，集成应用以黑色板、食诱剂进行早期预警，日晒高温覆膜防控韭蛆为主的绿色防控技术体系，完全替代化学药剂使用。

（5）集成应用诱导免疫技术。在草莓、番茄等高价值蔬菜上，大力推进植物诱导免疫技术应用，采取在苗期、开花初期、结果期喷施氨基寡糖素等植物诱抗剂，激发作物自身抗病、抗逆性，起到促进生长、提高产量和品质的作用。

（6）科学用药。优先选用生物药剂，采用植物源农药苦参碱防治蚜虫、菜青虫和小菜蛾，苦皮藤素防治菜青虫、甜菜夜蛾和斜纹夜蛾，印楝素防治菜青虫、小菜蛾和斜纹夜蛾，除虫菊素防治蚜虫；采用春雷霉素、中生菌素防治细菌性病害，枯草芽孢杆菌、多抗霉素防治霜霉病、白粉病等，氨基寡糖素、宁南霉素等防治病毒病。

（三）苹果病虫害

1. 发生概况与防控成效

2021年，全国苹果病虫害发生面积11 988.74万亩次。总体上病害略重于虫害，病害发生面积6 479.63万亩次，虫害发生面积5 509.11万亩次。主要病害为苹果树腐烂病、轮纹病、褐斑病、斑点落叶病、白粉病、炭疽病、锈病等；主要虫害为苹果黄蚜、叶螨、金纹细蛾、桃小食心虫、苹小卷叶蛾、梨小食心虫、金龟子、绿盲蝽等。橘小实蝇在云南等西南苹果产区发生比较严重，炭疽叶枯病在嘎啦、金冠等感病品种上发生严重，霉心病在元帅、富士等感病品种及套袋果上发生比较严重。全年苹果病虫害防治面积17 155.15万亩次，挽回损失562.04万吨，实际损失94.42万吨。

（1）绿色防控技术应用力度加大。组织苹果主产区集成应用植物免疫诱抗技术、梨小食心虫迷向技术、果实蝇食诱技术、果园生草技术、以螨治螨技术等绿色防控技术。在各项绿色防控措施中，生物防治面积 3 326.34 万亩次，物理防控面积 1 055.55 万亩次，生态调控面积 584.27 万亩次。植物诱导免疫技术能增强作物的抗逆性、抗病性，提质、增效、减药效果显著，减少农药使用 30%左右，提高产量 15%以上，应用面积达 79.58 万亩次；性诱剂及性迷向等技术防治效果达到 85%以上，应用面积达到 193.8 万亩次。

（2）新发、重发病虫害得到有效控制。针对近年来苹果树腐烂病等北方果树枝干病害发生重和橘小实蝇在苹果、梨等果树上扩展危害的情况，在山西、陕西、山东、云南等省组织开展相关技术集成和示范，示范区腐烂病病株率由 50%～60%降低到 7%以下，橘小实蝇虫果率由 30%～40%降低到 3%。

（3）促进苹果提质增效。通过在苹果主产区建立绿色防控示范基地，构建“一主多元”的技术推广服务模式，充分发挥专家、政府、企业和经营主体的作用，充分利用信息化服务的推广模式，加速了绿色防控技术推广。全年减少农药使用 2～4 次，果园生态环境得到改善，带动苹果产区绿色生产水平的逐步提升。

2. 技术进展

采取“以病虫监测为基础，分区治理、综合防治、绿色高效”的防控策略，实施“以病虫监测为基础，以健康栽培、生态调控、免疫诱抗、理化诱控、生物防治为主体，化学药剂防治为辅助”的全程绿色防控技术。

（1）病虫监测。采用 4 种性诱芯监测金纹细蛾、桃小食心虫、梨小食心虫、苹小卷叶蛾等害虫始发期和高峰期，确定防治最佳时机；采用黄板监测诱集绿盲蝽、苹果黄蚜，采用绿板监测诱集蛀干害虫。

（2）健康栽培。一是合理修剪，提升果树树势，改善果园通风透光条件。二是清理果园，把果园病虫枝彻底清理并带出园外处置，从源头上破坏病菌、害虫的越冬场所。三是翻耕土壤，结合秋季果园施肥深翻土壤，消杀藏匿在表层土壤中准备越冬的病虫源等。四是进行早期预防，抓住冬季剪枝后和早春萌芽前两个关键时期，采用 3～5 波美度石硫合剂进行封园和早期预防。

（3）生态调控。在果园行间种植三叶草、毛苕子等豆科植物或保留低矮、浅根性自然杂草，培植果园生态环境，以发挥自然天敌控害作用，同时起到控温保湿的生态调节作用。

（4）诱导免疫。在苹果树开花前、幼果期、果实膨大初期，选用氨基寡糖素等免疫诱抗剂进行叶面喷雾，激发果树自身抗病性和抗逆性，促进果树生长，提高苹果产量和品质。

（5）理化诱控。针对金纹细蛾、苹小卷叶蛾等鳞翅目害虫，以性信息素诱杀为主；针对金龟子等鞘翅目害虫，配套杀虫灯、糖醋液等物理诱杀措施。科学合理使用杀虫灯，在果树开花前在果园外围安装杀虫灯，于害虫食叶、食花高峰期傍晚开灯诱杀。

（6）生物防治。结合果园生草，于5月下旬至6月初在越冬代叶螨雌成螨还处于内膛危害时，人工释放捕食螨，投放捕食螨后应注意使用对捕食螨安全的药剂进行其他病虫害的防治；防治桃小食心虫，采取“地上和地下结合”的防控策略，利用高压机动喷雾器施用昆虫病原线虫于树下土壤，田间诱蛾数量减少50%左右，虫果率减少25%，防治效果达83%左右，成为苹果实现免套袋的核心技术。树体防治一般在一代桃小食心虫产卵高峰期前进行，采用金龟子绿僵菌、苏云金杆菌对全株叶面均匀喷雾；防治苹果炭疽病、轮纹病、白粉病，于发病前选用枯草芽孢杆菌喷施，连续使用2～3次；防治苹果腐烂病采取“改刮治为预防”的防控策略，分别在6月、7月、8月、9月对树体进行喷施或涂刷树干，大大降低腐烂病菌的侵染与危害，提高防治效果。

（7）科学合理用药。在病虫情监测的基础上，抓住果树花芽露红期、落花后、套袋前、幼果期、果实膨大期、采果后休眠期等关键生育期，对症选择高效药剂，最大限度减少化学农药使用。药剂可对症选择多抗霉素、寡雄腐霉菌、申嗪霉素、中生菌素、春雷霉素、代森锰锌、丙森锌、戊唑醇、苯醚甲环唑、阿维菌素、苦参碱、金龟子绿僵菌、短稳杆菌、灭幼脲、机油、甲氨基阿维菌素苯甲酸盐、哒螨灵等。

（四）柑橘病虫害

1. 发生概况与防控成效

2021年全年柑橘病虫害发生面积18 221.47万亩次。虫害总体重于病害，病害发生面积4 381.47万亩次，虫害发生面积13 840.00万亩次。发生的主要病害为柑橘炭疽病、疮痂病、溃疡病、树脂病（砂皮病）、煤烟病等，主要虫害为橘潜叶蛾、柑橘叶螨、柑橘锈螨、介壳虫、蚜虫、柑橘木虱、粉虱、橘小实蝇、橘大实蝇、柑橘花蕾蛆、吸果夜蛾、天牛等。全年柑橘病虫害防治面积2.78亿亩次，挽回损失691.21万吨，实际损失 90.66 万吨。

（1）绿色防控技术普通应用。随着绿色防控技术集成与示范力度的不断加强，应用规模不断扩大。在各项绿色防控措施中，生物防治面积 6 282.82 万亩次，物理防控面积 2 881.43 万亩次，生态调控面积 1 708.05 万亩次。2021 年氨基寡糖素等植物诱抗剂应用面积达 160.02 万亩次；性诱剂应用面积达到 406.52 万亩次；食诱剂应用面积达到 542.78 万亩次；柑橘园生草等生态调控技术应用面积达到 1 708.05 万亩次。

（2）重发、新发病虫害得到有效控制。在橘园集成应用植物免疫诱抗技术、柑橘潜叶蛾迷向技术、食诱技术、果园生草技术、以螨治螨技术等绿色防控技术，有效控制了柑橘潜叶蛾、实蝇类害虫、害螨的发生危害。

（3）生态和社会效益明显。通过在柑橘主产区建立绿色防控示范区，组织培训宣传活动，改变农民长期依赖化学农药防治病虫的习惯，带动绿色防控技术在特色作物种植区大面积应用，实现农产品提质增效。示范区减少化学农药使用 2～4 次，果园生态环境得到改善，天敌栖息繁殖和种群数量增加，促进果园生态系统平衡，保持生物多样性，减少病虫害抗药性产生和再猖獗危害。

2. 技术进展

采取“以病虫监测为基础，分区治理、综合防治、绿色高效”的防控策略，实施“以健康栽培为基础，以生态调控、诱导免疫、理化诱控、生物防治为主体，化学药剂防治为辅助”的全程绿色防控技术。

（1）压低病虫源基数。在冬季适时剪除病虫枝，清除枯枝落叶，铲除、集中处理果园内及周边的杂草，减少病虫基数。对主干和大枝涂白，降低树干的昼夜温差，减轻冻害发生。结合冬季果园管理措施，喷施石硫合剂、矿物油等药剂进行清园。

（2）生态调控。于春季（3 月下旬至 4 月）或秋季（8 月中旬至 9 月中旬）在柑橘园行间种植适应性强、生草量大、矮生、浅根性植物，如印度豇豆、藿香蓟、紫云英、三叶草、黑麦草等，实施以草治草、控制果园恶性杂草，果园周边种植蜜源植物，构建良好的自然生态环境。

（3）理化诱控。防控橘大实蝇：在羽化始盛期、成虫回园始期，使用实蝇食诱剂、诱蝇球诱杀成虫，每 2～3 天捡拾园中落果 1 次，集中收集后使用专用虫果处理袋密封闷杀。防控柑橘潜叶蛾：在成虫羽化始期，在果园放置性信息素迷向丝或诱捕器干扰交配，压低成虫数量。防控卷叶蛾、吸果夜蛾以及金龟子等害虫：安装杀虫灯诱杀成虫，减少成虫产卵，降低田间虫口数量。

（4）生物防治。在春、秋两季，结合果园生草，在对害螨进行监测的基础上，释放胡瓜钝绥螨、巴氏钝绥螨等捕食螨防治柑橘害螨；在害虫发生初期，使用苏云金杆菌防治潜叶蛾、柑橘凤蝶幼虫；充分保护利用山地柑橘园中普遍分布的粉虱座壳孢菌、扁座壳孢菌等有益菌控制柑橘粉虱，在果园空气湿度较低时对树冠喷水，有利于有益菌类增殖，可有效提高寄生率。

（5）早期预防和免疫诱导。在平衡施肥、加强栽培管理、合理修剪等农业措施的基础上，在柑橘炭疽病、树脂病等病害发生初期，喷洒波尔多液、氨基寡糖素等植物免疫诱抗剂等药剂进行预防。

（6）提倡科学合理用药。优先选用生物农药和高效低毒低残留农药，如选用阿维菌素、矿物油、印楝素、苦参碱、啶虫脒、螺虫乙酯、哒螨灵、噻嗪酮、烯啶虫胺、虱螨脲等防治害虫，选用春雷霉素、噻菌铜、代森锰锌、苯醚甲环唑、噻唑锌、氢氧化铜、松脂酸铜、咪鲜胺、吡唑醚菌酯等防治病害。

三、蝗虫防治

（一）防控行动

各地强化“政府主导、属地责任、联防联控”的工作机制，积极实施“改治并举”的治蝗工作方针，加强蝗情动态监测，全面排查蝗灾隐患，突出科学防控，做到早发现、早预警、早防治。优先采用生态调控、生物防治等绿色防控技术，在高密度发生区及时开展化学应急防治，推动蝗虫灾害的可持续治理。

1. 加强治蝗组织领导

农业农村部蝗灾防治指挥部办公室于 3 月 9 日印发了《2021 年农区蝗虫防控技术方案》和《2021 年沙漠蝗防控技术方案》，提出了防治目标、防治策略、重点区域、技术措施等，各地结合当地蝗虫发生实际，制定了本地的实施方案和应急防控方案。4 月，在北京召开蝗虫可持续治理研讨会，分析研判了全年蝗虫发生趋势，研讨了推进蝗虫可持续治理的对策措施，指导各地开展监测防控工作，高位推进压实防控责任。

2. 及时组织蝗情监测调度

从 5 月初开始，各蝗区认真组织蝗情排查，开展拉网式普查，云南、西藏、新疆等边境地区加强边境蝗情监测，准确掌握蝗虫出土时间和发育进度以及边境蝗虫迁飞动态。农业农村部蝗灾防治指挥部办公室从5月12日开始，启动蝗情两周一报制度，组织各蝗区定时填报蝗虫发生密度、发育龄期、发生区域、防治进展等信息，第一时间掌握各地蝗情动态和防控情况。

3. 切实加强技术指导

各地严格落实技术方案要求，积极采用绿色治蝗技术，推进蝗虫可持续治理。山东、河南、河北、天津等地大力推广喷洒蝗虫微孢子虫、绿僵菌等生物农药控制蝗虫密度，保护蝗区生态环境。5月中旬，在黄脊竹蝗低龄若虫防控关键时期，农业农村部蝗灾防治指挥部办公室及时派员赴云南普洱市江城县、西双版纳傣族自治州勐腊县等中老边境地区开展调研指导，积极主动应对2021年潜在的黄脊竹蝗入侵风险。在重点蝗区发生防控关键时期，各级植保技术人员深入治蝗一线，进行技术指导，保证治蝗工作有序开展。

4. 高效使用治蝗资金

在统筹利用蝗虫救灾补助中央财政资金的基础上，各地积极争取地方财政支持，提前采购药剂、机械、燃油等防蝗应急物资，提早维修老旧器械。如山东省积极做好治蝗机场整备、飞机租用、空管协调等飞机治蝗准备工作；6月3—4日，京津冀农业农村部门联合举办农区蝗虫联防联控活动，会商东亚飞蝗夏蝗发生形势，开展应急防控现场演练与人员培训。

（二）技术进展

1. 生态控制技术

改造蝗虫滋生地，压减适生地面积，抑制蝗虫发生。在飞蝗常发区、沿海蝗区，采取封育草场和有序垦种苜蓿、紫穗槐、棉花、冬枣等蝗虫非喜食植物；在滨湖蝗区，加强生态保育，宜林则林、宜草则草，吸引鸟、蛙等自然天敌，利用生物多样性压低蝗虫基数；在内涝蝗区的宜农区域，推进高标准农田建设，宜渔区域开展造塘养殖；在河泛蝗区，实行沟渠路林网化，改善滩区生产条件，搞好垦荒种植和精耕细作，可以利用滩区种植豆科牧草。针对北方农牧交错区土蝗常发区，通过垦荒种植、减少撂荒地面积，春秋深耕细耙等措施，破坏土蝗产卵适生环境，减轻发生程度。

2. 生物防治技术

在中低密度发生区（飞蝗密度在5头/米^{2}以下和土蝗密度在20头/米^{2}以下）和生

态敏感区（包括湖库、水源保护区、自然保护区等禁止或限制使用化学农药的区域），可降低防治指标，二至三龄盛期优先使用蝗虫微孢子虫、金龟子绿僵菌等微生物农药防治，合理使用苦参碱、印楝素等植物源农药。在新疆等农牧交错区，采取牧鸡牧鸭、招引粉红椋鸟等进行防治。

3. 化学药剂防治技术

在高密度发生区（飞蝗密度 5 头/米^{2}以上，土蝗密度 20 头/米^{2}以上），采取化学防治，药剂可选用高效氯氰菊酯、马拉硫磷、高氯・马、阿维・三唑磷等。在集中连片面积大于 500 公顷的区域，组织农用飞机采用精准定位施药技术进行防治；在集中连片面积低于 500 公顷的区域，组织病虫害专业化防治服务组织使用植保无人机或地面大型施药器械，采用超低容量喷雾技术进行防治；在芦苇、甘蔗、玉米等高秆作物田以及发生环境复杂区，使用烟雾机在清晨或傍晚进行防治。

（三）防控成效

2021 年，各级植保部门按照农业农村部副部长张桃林作出的“继续密切监测，御蝗于境外，备战于境内”的批示要求，统筹做好境外蝗虫监测与国内蝗虫防控工作，积极开展蝗情排查，组织应急防控演练，及时对发现的高密度蝗虫点片开展应急防控，确保蝗虫“不起飞、不扩散、不危害”，保障全年粮食生产安全。据统计，全国防治飞蝗面积 759.87 万亩次，比 2020 年减少 139.53 万亩次，防治北方农牧交错区土蝗面积 513.50 亩次，比 2020 年减少 118.91 万亩次。通过防治，挽回粮食损失 12.38 万吨，比 2020 年减少 1.94 万吨，为确保农业生产安全、生态安全和边境地区的稳定发展作出了重要贡献。

四、农田草害防治

（一）防控行动

2021 年，针对农田草害，特别是稻田、麦田抗药性杂草危害加重趋势，叠加杂草发生种类演替和群落结构变化等因素，为推动农田杂草科学防控，促进除草剂减量、安全使用，组织科研、教学、推广等行业专家，围绕水稻、小麦、玉米、大豆、马铃薯、油菜、花生、棉花等大宗农作物，以作物增产增收和除草剂减量控害为目标，提出了

2021 年农田杂草监测与防控基本思路和工作要点，制定印发了《2021 年农田杂草科学防控技术方案》，指导全国各地开展农田杂草监测调查与科学防控。

（二）主要技术进展

1. 开展调查监测

为摸清麦田杂草发生危害和抗药性变化情况，全国农业技术推广服务中心联合高等院校、科研院所专家学者在河南、安徽、江苏、山东、河北、湖北、山西、陕西等 8 个小麦主产省，系统监测麦田杂草种群变化和抗性发展，明确我国小麦主产区杂草种类并探索麦田杂草种群演替变化规律；根据主产区杂草发生情况，绘制发生危害等级区域图，明确麦田杂草抗药性发生范围和抗性水平以及抗性机理。组织稻麦轮作区开展麦田抗药性杂草田间药效试验情况考察活动，观摩麦田主要杂草发生危害情况、新型除草剂对抗药性杂草田间防效结果，总结交流麦田杂草防控中存在的主要问题，研究提出延缓麦田杂草抗药性发展的技术措施。

2. 组织试验示范

全国农业技术推广服务中心分别在湖北、辽宁、江苏、安徽、山东、湖南等省组织开展水稻、小麦、玉米三大粮食作物田杂草防除指标试验，明确了以粮食作物产量减产 5%的杂草密度作为杂草防除的阈值。在东北、黄淮海、长江中下游地区开展 42 种稻田除草剂、23 种麦田除草剂、8 种玉米田除草剂联合试验，对不同品种的区域适应性及防治效果进行了验证，掌握了不同类型除草剂使用特点，筛选了一批高效低风险除草剂产品。通过联合试验示范，针对以种子滋生的杂草，根据其幼芽期和幼苗期对除草剂较为敏感的特点，优化土壤封闭处理，筛选出了砜吡草唑、吡氟酰草胺、氟噻草胺、唑嘧磺草胺等土壤封闭除草剂，噁唑酰草胺、异噁唑草酮、环吡氟草酮、双唑草酮、苯唑草酮等茎叶处理除草剂，除草效果在 90%以上。

3. 集成技术模式

在江苏、河南、辽宁分别建立水稻、小麦、玉米三大粮食作物田杂草综合防控技术集成万亩示范区，在农田杂草绿色防控理念指导下，生态调控、物理防控、农业措施与科学使用除草剂相结合的农田杂草绿色治理集成技术得到大面积推广应用。稻田杂草示范区主要展示了 GPS（全球定位系统）定位机械除草、纸膜覆草、播喷同步、机插同步技术；麦田杂草示范区主要展示了深耕除草、秸秆覆盖、诱萌除草、除草剂“封杀补结合”技术；玉米田杂草示范区主要展示了中耕除草、秸秆覆盖、莠去津替代、“一次杀除”等控草技术。

（三）防控成效

按照“综合防控、治早治小、减量增效”的原则，突出抓好主要作物、恶性杂草、重点区域，坚持分类指导、分区施策，采取“以农业措施为基础，以化学措施为重要手段，辅以物理、生态等防治措施”的综合治理策略，农田杂草防控效果显著，处置率达到90%以上，防治效果达到90%以上，杂草危害损失控制在5%以下。据统计，2021年我国杂草防治面积11 256.33万公顷次，比2020年增加202.30万公顷次，增幅1.79%，挽回粮食损失2 732.90万吨。

五、农区鼠害防治

（一）防控行动

2021年，各地强化属地责任，以“保生态、护产业、健康宜居”为防控目标，以控制农林、农牧交错地带和湖区、库区、沿江（河）流域鼠密度为重点，扎实开展鼠害监测与治理工作。全国农业技术推广服务中心在年初印发《全国农区鼠害防控技术方案》《关于做好2021年农区灭鼠工作的通知》，指导全国各地开展农区鼠害监测调查与科学防控。在200个县（市、区）实施统一灭鼠示范，防治面积1 200万亩，防治效果均在80%以上。为确保2022年北京冬奥会安全，组织专家赴河北坝上地区开展鼠害考察活动，研究提出符合当地实际的鼠害防控技术措施，指导当地及时组织开展秋冬季鼠害防控工作。根据新冠疫情防控要求，举办全国农区鼠害监测与防控技术视频培训班，交流当年鼠害防控经验，会商农区鼠害趋势，安排部署春秋季统一灭鼠，推进杀鼠剂毒饵的精准投放和毒饵站投放。

（二）技术进展

1. 探索监测预警信息化

全国农业技术推广服务中心继续与清华-青岛大数据工程研究中心合作开展鼠害物联网智能监测，持续推进害鼠监测数字化和智能化。通过采用图像自动采集、数字图像处理、人工智能识别、无线传输等多项先进技术，融合构建鼠害物联网智能监测系统（VIMS4.0），对农区害鼠活动情况进行监测管理，工作人员可通过网络监测到相关数据、图片和视频等信息，通过系统综合分析得到准确的监测数据，客观了解害鼠种群发生发展态势。2021 年，在全国布设害鼠物联网大数据监测点 167 个，采集各类型数据超过百万条，有效影像数据超过 10 万条，害鼠视频影像数据 4 372 条。通过系统监测，明确了全国农区鼠密度、各地优势鼠种和农区、农田、农舍害鼠总密度季节变化趋势，提高了鼠情预报时效性、精准度。

2. 开发新药剂

为保护农业生态系统生物多样性，促进鼠害防控绿色发展，组织开展了新贝奥生物灭鼠剂（雷公藤甲素）的试验示范，不育效果和实际防效都得到了较好的验证。同时也发现了生物杀鼠剂的优势和存在的问题，提出技术改进意见和下一步试验设计方案。

3. 组织试验示范

在鼠害常发、重发地区，组织开展鼠害物联网智能监测、TBS（围栏+陷阱）监测试验示范，在全国 140 个县建立了农区鼠害监测站，对农区鼠害的发生动态进行全年监测，及时掌握农区鼠害发生动态，开展达标防治。毒饵站灭鼠技术作为农区鼠害可持续治理技术之一，因其高效、安全、环保、持久等优点，已在全国农区灭鼠中得到广泛的应用，也被基层农技人员及农户广泛认可。

（三）防控成效

据统计，2021 年全国农区鼠害防治面积 1 426.2 万公顷；参与防治农户 0.9 亿户。其中农田统一灭鼠面积约 165 万公顷，毒饵站灭鼠面积约 210 万公顷，组织农户统一灭鼠约 1 217 万户，农户毒饵站灭鼠面积约 147 万公顷，累计挽回粮食损失约 323 万吨。同时，因对河北坝上鼠害常发区组织有效防控，确保了北京、张家口冬奥会场所的安全。

六、绿色防控推进情况

为落实《国家质量兴农战略规划（2018—2022 年）》《“十四五”全国种植业发展

规划》，组织绿色防控示范县创建，推动绿色防控技术集成示范与推广。

（一）组织开展绿色防控示范县创建

继续组织开展全国农作物病虫害绿色防控整建制推进县建设工作。根据创建通知和工作方案，各省级农业植保机构积极响应，组织各个示范县全方位开展了示范创建工作。根据各省级植保机构审核和推荐、上报申报材料，经专家评审，共推评出2020年绿色防控示范县109个，2年累计创建绿色防控示范县203个。会同农业农村部种植业管理司发布了两批绿色防控示范县名单，并举办授牌活动。印发了《2021年全国农作物病虫害绿色防控示范县创建工作方案》，拟组织再创建绿色防控示范县100个。

（二）深入推进绿色防控技术集成示范

全国农业技术推广服务中心印发《关于做好2021年农作物病虫害绿色防控技术示范推广工作的通知》，在全国120多个点组织开展绿色防控新技术试验30多项，建立果菜茶等作物优势区建立绿色防控示范区20个，集成示范全程绿色防控技术模式30多套，示范面积200万亩以上，辐射推广面积2 000万亩以上。按照农业农村部等七部门关于《食用农产品“治违禁　控药残　促提升”三年行动方案》要求，承担冬奥会蔬菜保供绿色防控技术指导工作，突出加强豇豆、韭菜、芹菜（“三棵菜”）等作物病虫害绿色防控，制定《豇豆、韭菜、芹菜病虫害绿色防控技术要点》，引导蔬菜产区在采取理化诱控、生物防治的基础上做好科学用药。

（三）大力组织绿色防控宣传培训

举办全国茶叶、蔬菜病虫害绿色防控技术线下培训班，培训各级植保技术人员300多人。举办绿色防控技术线上培训班，各级植保机构参训人员达到1 000多人，提高了绿色防控技术普及率。编印“三棵菜”病虫害防控技术挂图和手册，为减少豇豆、韭菜、芹菜农药残留、确保蔬菜质量安全提供技术指导。

（四）持续提高绿色防控覆盖率

根据《农作物病虫害绿色防控评价指标及统计方法（试行）》，2021年，组织全国

31个省份和新疆生产建设兵团植保机构对本辖区农作物种植面积、病虫害绿色防控面积等进行统计，对农作物病虫害绿色防控工作进行评价。据统计，2021年全国农作物病虫害绿色防控面积10.5亿亩，绿色防控覆盖率46.01%，较2020年增长4.5个百分点。其中，水稻、小麦、玉米绿色防控覆盖率分别为49.51%、47.24%、45.75%，茶叶、果树、蔬菜绿色防控覆盖率分别为57.46%、49.41%、44.44%。

第四章 植物有害生物风险分析与检疫

一、有害生物风险分析

随着外来有害生物入侵形势的日益严峻，生物安全的重要性进一步突显，植物检疫工作备受重视。有害生物风险分析（pest risk analysis，PRA）是植物检疫的重要内容，也是制定植物检疫措施的基础。2021 年 4 月 15 日，《中华人民共和国生物安全法》正式实施，对有害生物风险分析工作提出了新要求。农业农村部认真贯彻落实《生物安全法》的要求，组织开展农业植物有害生物风险分析工作，以首次引进种子和高风险种子风险评估为重点，密切关注国内外植物疫情动态，进一步完善农业有害生物风险预警机制，为引种检疫审批决策和后续监管提供科学依据。

（一）引种风险分析

针对首次引进种子和燕麦、玉米、小黑麦等高风险植物种子，开展有害生物风险分析。近年来，随着国内牧草种子需求日益增长，牧草种子引进量也逐年增加，有害生物随草种进口传入的风险进一步加大。2021 年，针对企业从澳大利亚、南非、美国等国家引进救荒野豌豆、御谷、绛车轴草等牧草种子的需求，全国农业技术推广服务中心广泛收集上述牧草栽培、分布以及可能携带的有害生物等信息，组织有关专家对其可能携带的上百种重点关注的有害生物开展风险分析，系统评估了有害生物随种苗传入、扩散的风险，以及可能造成的经济损失，并提出风险管理措施。

1. 从澳大利亚引进救荒野豌豆种子的有害生物风险评估

救荒野豌豆起源于欧洲南部，现已广泛分布于地中海盆地、西亚、中亚、东亚及印度和美国，在我国27个省份有分布，其入侵性不强，因此救荒野豌豆本身作为有害生物风险不高。查询CABI（国际农业与生物科学中心）有害生物数据库、EPPO（欧洲和地中海植物保护组织）数据库、澳大利亚植物健康数据库及相关文献报道，救荒野豌豆在澳大利亚受多种有害生物危害，其中苹淡褐卷蛾、菜豆黄花叶病毒等7种病虫害在我国没有发生，但有随种子引进传入我国的风险，会对我国农业生产和生态安全造成不利影响。检疫监管建议：一是将苹淡褐卷蛾、菜豆黄花叶病毒、黄斑病毒、大豆矮缩病毒、细菌性条纹病病原菌、红足海镰螯螨及索氏短体线虫共7种有害生物增补列入从澳大利亚引进救荒野豌豆种子的检疫审批要求。二是加强从澳大利亚引进救荒野豌豆种子种植后的疫情监测，组织有关专家开展专项调查，为引种企业提供疫情监测与检疫服务。三是对国内亟须的且原产地疫情不清的种子组织开展原产地疫情调查。

2. 从美国引进高粱种子的有害生物风险评估

自2018年以来，我国共从美国引进高粱种子5批次，合计46 307.5千克，主要是生产用种。高粱用途广泛，可用作饲料粮、食用粮及用于酿造业等，未来引进数量很可能还会增加，有害生物传入的风险也在增大。进口美国高粱种子可能携带的主要有害生物共24种，其中真菌6种，细菌1种，病毒4种，线虫5种，昆虫5种，杂草2种，软体动物1种，除非洲麦角菌、刺盘孢菌外，其余22种为《中华人民共和国进境植物检疫性有害生物名录》中的有害生物，评估认为上述24种有害生物存在随美国引进高粱种子传入中国的风险。因此，从美国进口高粱种子有传带多种危险性和检疫性有害生物的风险。检疫监管建议：一是在办理从美国引进高粱种子检疫审批时，将非洲麦角菌、高粱根腐病菌、刺盘孢菌和葡萄茎枯病菌共4种有害生物增补列入进境检疫审批要求。口岸对从美国引进的高粱种子开展抽样检查，一旦发现带有中方关注的检疫性有害生物，采取退货、销毁、处理等检疫措施。二是根据引种用途、引种目的、种植区域特点以及种植计划，逐步扩大从美国引进高粱种子数量。三是对从美国引进的高粱种子开展抽样和隔离试种，一旦发现上述有害生物，销毁库存种子。此外，加强从美国引进高粱种子种植期间的田间疫情监测，发现疫情后采取紧急根除措施并封锁疫情发生区域，防止疫情扩散蔓延。

3. 从南非引进御谷种子的有害生物风险评估

御谷原产于非洲中部地区，后逐渐扩散到东非地区及西班牙和美国等地，目前在中国北部和东部有分布。御谷被中国国家有害生物检疫信息平台列为杂草，且被CABI数据库收录为寄主植物，但未被 GISD（全球入侵物种数据库）、EPPO 数据库和 IRAC（杀虫剂耐药性行动委员会）数据库收录，也未发现其危害报道。此外，御谷在我国种植历史悠久，其自然扩散能力较差，目前没有对环境和其他作物造成不良影响的研究报道。因此，御谷本身作为有害生物的风险较低。但南非御谷可能携带玉米矮花叶病毒、玉米茎蛀褐夜蛾、斑禾草螟、谷斑皮蠹、丁香假单胞菌丁香致病变种、高粱根结线虫、蜀黍指霜霉（高粱霜霉病菌）、独脚金、印度蒺藜草等多种有害生物，且上述有害生物会对农业生产和生态环境造成一定影响。检疫监管建议：一是在办理从南非引进御谷种子检疫审批时，除玉米矮花叶病毒外，将谷斑皮蠹、蜀黍指霜霉、独脚金、印度蒺藜草共 4 种检疫性有害生物增补列入进境检疫审批要求。口岸对从南非引进的御谷种子开展抽样检查，一旦带有中方关注的检疫性有害生物，采取退货、销毁、处理等检疫措施。二是对从南非引进的御谷种子开展抽样和隔离试种，一旦发现上述有害生物，销毁库存种子，同时加强从南非引进御谷种子可能携带有害生物的田间疫情监测，发现疫情后采取紧急根除措施并封锁疫情发生区域，防止疫情扩散蔓延。

（二）国外重要有害生物发生动态监测与风险分析

2021 年，重点关注国外疫情、口岸截获和国内植物疫情监测情况，及时开展有害生物风险分析，重点对致死粒线虫等重要有害生物开展风险分析。

1. 致死粒线虫风险评估

致死粒线虫是一种植物寄生线虫，属于垫刃目，垫刃总科，粒线虫科，粒线虫属。该线虫目前主要分布在美国、澳大利亚、南非和日本，我国国内尚无分布报道。致死粒线虫能以虫瘿形态混合在未清洗或清洗不彻底的草种中，随带病种子调运进行远距离传播。致死粒线虫侵染寄主植物会使种子形成瘿瘤，导致牧草地产量下降，造成一定的经济损失，最重要的是致死粒线虫传播的产毒拉塞氏杆菌可侵染黑麦草，一旦传入，将对我国畜牧业产生极大危害。1978 年，澳大利亚报道致死粒线虫及其传播的细菌侵染一年生黑麦草，造成昆士兰州 5 591 头羊和 232 头牛死亡。2010 年，美国农业部发布“由产毒拉塞氏杆菌引发的细菌污染恢复计划”，特别提及致死粒线虫是有毒细菌的传播媒介，应严格控制该线虫，产毒拉塞氏杆菌已被 USDA（美国农业部）动植物健康检测中心列为重点检测对象。目前，致死粒线虫已被美国、智利、阿根廷、日本列为检疫性有害生物。经评估，该线虫随黑麦草等寄主植物种子传入我国风险较高，建议将其增补列入我国进境植物检疫性有害生物名录，在办理相关寄主植物种子进境检疫审批时将该线虫作为检疫审批要求之一，并加强寄主植物种子引进后的检疫监管。

2. 将番茄褐色皱果病毒、玉米矮花叶病毒等有害生物增补列入进境植物检疫性有害生物名单

在前期开展风险评估工作的基础上，2021 年继续做好重点关注有害生物的风险分析工作。为防止疫情传入，保护农业生产安全和生态安全，根据《中华人民共和国进出境动植物检疫法》的规定和风险分析结果，农业农村部、海关总署联合发布公告，将番茄褐色皱果病毒、玉米矮花叶病毒、马铃薯斑纹片病菌、乳状耳形螺、玫瑰蜗牛共 5 种有害生物增补列入《中华人民共和国进境植物检疫性有害生物名录》，为开展检疫工作提供了法律依据。

二、国外引种检疫审批监管

（一）依法依规开展审批

2021 年，全国办理国外引种检疫审批 12 857 批次，种苗来自 72 个国家（地区），涉及种子 5 456.8 万千克、苗木 11.6 亿株，其中部级审批 2 419 批次，省级审批 10 438 批次，驳回或要求修改有关申请 348 批次，100%按时办结、零投诉。总体来看，第一、四季度的签发数量高于第二、三季度，为国外引进种子种苗审批的主要季度。从作物种类来看，百合、紫苜蓿、蕹菜等花卉、牧草、蔬菜种子引进批次较多、数量较大（表 4 - 1）。

表 4 - 1　2009—2021 年从国外引种检疫审批部分作物审批批次及数量

年度	百合批次	数量/百万株	紫苜蓿批次	数量/千克	蕹菜批次	数量/千克
2009	39	29	16	91 600	127	3 347 725
2010	40	19	7	30 060	127	3 763 610
2011	63	49	1	6 000	97	3 213 010
2012	106	153	12	168 060	110	3 464 051
2013	158	195	79	2 781 494	120	5 614 125
2014	172	190	80	2 650 000	104	4 544 500

（续）

年度	百合批次	数量/百万株	紫苜蓿批次	数量/千克	薤菜批次	数量/千克
2015	151	212	84	2 350 000	95	3 419 020
2016	168	320	35	1 190 000	83	2 943 003
2017	198	386	51	1 380 906	97	3 777 995
2018	278	365	84	3 408 155	108	3 949 090
2019	395	410	84	3 445 010	114	4 831 004
2020	307	513	47	1 772 715	125	4 635 518
2021	305	645	170	6 221 306	168	6 254 674

近年来，从国外引进种子和苗木数量居高不下，一方面满足了国内育种研究和生产用种需要，另一方面也存在较大的有害生物传入风险。为此，农业农村部会同海关总署密切跟踪贸易相关国家有害生物发生动态，及时调整对外检疫要求和工作措施。为防止疫情传入，保护农业生产安全和生态安全，2021 年 4 月农业农村部会同海关总署发布第 413 号公告，根据《中华人民共和国进出境动植物检疫法》的规定和风险分析结果，决定将番茄褐色皱果病毒、玉米矮花叶病毒、马铃薯斑纹片病菌、乳状耳形螺、玫瑰蜗牛共 5 种有害生物增补列入《中华人民共和国进境植物检疫性有害生物名录》，要求各海关和各地农业农村部门切实做好有关寄主植物及其他限定物的进境检验检疫和疫情监测工作，一旦发现上述有害生物，依法采取检疫措施。此外，在新冠肺炎疫情防控期间，农业农村部主动优化审批服务，按照国务院办公厅部署，积极推进植物检疫相关行政审批事项改革，加强“单一窗口”、全程电子化、电子证照等标准建设和信息对接，为行政管理相对人提供更加优质的服务，保障国内用种需求。

（二）突出重点加强监管

2021 年，全国农业技术推广服务中心组织各级植物检疫机构对从国外引进的农作物种子种苗开展种植期间的跟踪监测调查，重点加强对新引进作物种质资源和引进批次多、数量大的种子种苗的监测，有效保证引种检疫安全。对近年引进数量大的牧草种子开展重点监测，组织专家团队对 2020—2021 年审批在内蒙古自治区种植的御谷、苜蓿、燕麦等牧草种子开展调查，了解种子引进后使用种植情况，实地踏查种植田块，检查病虫害发生情况，采集病虫害样品，督促引种企业配合后续检疫监管。各地通过不断完善工作程序，规范工作流程，提高引进种苗后续跟踪监管能力，及时发现并处置了一些零星疫情，如河北省在开展国外引进种子种植期间例行监测时，发现一批来源于美国的西葫芦种子在种植期间出现叶片黄化、皱缩等疑似病毒病症状，随即采集样品进行实验室鉴定，后确认发现黄瓜绿斑驳花叶病毒病疫情，此系河北省首次发生该病毒疫情。确认疫情后，在植物检疫机构的监督指导下，拔除全部涉疫植株，挖坑深埋病残体并撒施生石灰覆盖；涉疫大棚土壤采用生石灰消毒，室内设施喷洒10%磷酸三钠和75%酒精进行消毒；周边棚室、作物喷施抗病毒药剂进行预防，涉疫大棚轮作非葫芦科作物3年以上。

三、农业植物疫情监测

（一）总体发生情况

2021年，全国农业植物检疫性有害生物在29个省份的1 348个县（市、区）发生，与2020年相比减少17个发生县，分布面积4 224.4万亩次（含当年发生及当年未发生但尚未确定根除的面积），发生面积2 147.8万亩次，与上年相比下降14.1%。各级农业农村主管部门及植物检疫机构按照“政府主导、属地负责、分类指导、分区治理”的思路，认真落实各项工作措施，累计防治面积7 582.3万亩次。红火蚁、柑橘黄龙病菌（亚洲种）等引发的植物疫情在200个县级行政区报告新发生，黄瓜绿斑驳花叶病毒等17种检疫性有害生物在66个县级行政区报告根除。从2021年总体来看，红火蚁、大豆疫霉病菌处于扩散高风险期，发生面积较大，柑橘黄龙病菌（亚洲种）、苹果蠹蛾、水稻细菌性条斑病菌等仍对农业生产安全构成潜在威胁，国内植物疫情形势依然严峻（表4-2）。

表4-2　2021年各省份的全国农业植物检疫性有害生物名单及发生县级行政区数量

地区名称	全国农业植物检疫性有害生物	发生县级行政区数量/个
北京市	稻水象甲、腐烂茎线虫	2
天津市	稻水象甲、扶桑绵粉蚧、假高粱、苹果蠹蛾	6
河北省	稻水象甲、番茄溃疡病菌、腐烂茎线虫、黄瓜黑星病菌、黄瓜绿斑驳花叶病毒、列当属、苹果蠹蛾	21

（续）

地区名称	全国农业植物检疫性有害生物	发生县级行政区数量/个
山西省	稻水象甲、列当属	8
内蒙古自治区	大豆疫霉病菌、稻水象甲、番茄溃疡病菌、腐烂茎线虫、瓜类果斑病菌、黄瓜黑星病菌、列当属、苹果蠹蛾	34
辽宁省	稻水象甲、腐烂茎线虫、黄瓜黑星病菌、列当属、苹果蠹蛾	47
吉林省	稻水象甲、番茄溃疡病菌、腐烂茎线虫、瓜类果斑病菌、黄瓜黑星病菌、列当属、苹果蠹蛾	37
黑龙江省	大豆疫霉病菌、稻水象甲、番茄溃疡病菌、瓜类果斑病菌、黄瓜黑星病菌、苹果蠹蛾	48
上海市	葡萄根瘤蚜	1
江苏省	扶桑绵粉蚧、黄瓜绿斑驳花叶病毒、假高粱、水稻细菌性条斑病菌	28
浙江省	稻水象甲、扶桑绵粉蚧、柑橘黄龙病菌（亚洲种）、红火蚁、黄瓜绿斑驳花叶病毒、水稻细菌性条斑病菌、亚洲梨火疫病菌	44
安徽省	大豆疫霉病菌、稻水象甲、扶桑绵粉蚧、腐烂茎线虫、水稻细菌性条斑病菌、亚洲梨火疫病菌	48
福建省	稻水象甲、扶桑绵粉蚧、柑橘黄龙病菌（亚洲种）、瓜类果斑病菌、红火蚁、水稻细菌性条斑病菌、香蕉镰刀菌枯萎病菌4号小种	78
江西省	稻水象甲、扶桑绵粉蚧、柑橘黄龙病菌（亚洲种）、红火蚁、水稻细菌性条斑病菌	72
山东省	稻水象甲、腐烂茎线虫	12
河南省	大豆疫霉病菌、稻水象甲、腐烂茎线虫、葡萄根瘤蚜	32
湖北省	稻水象甲、毒麦、番茄溃疡病菌、扶桑绵粉蚧、红火蚁、假高粱、十字花科黑斑病菌、水稻细菌性条斑病菌	45
湖南省	稻水象甲、扶桑绵粉蚧、柑橘黄龙病菌（亚洲种）、瓜类果斑病菌、红火蚁、假高粱、蜜柑大实蝇、葡萄根瘤蚜、水稻细菌性条斑病菌	84
广东省	稻水象甲、扶桑绵粉蚧、柑橘黄龙病菌（亚洲种）、红火蚁、黄瓜绿斑驳花叶病毒、水稻细菌性条斑病菌、香蕉镰刀菌枯萎病菌4号小种	129
广西壮族自治区	稻水象甲、扶桑绵粉蚧、柑橘黄龙病菌（亚洲种）、红火蚁、黄瓜绿斑驳花叶病毒、葡萄根瘤蚜、水稻细菌性条斑病菌、香蕉镰刀菌枯萎病菌4号小种	108
海南省	番茄溃疡病菌、柑橘黄龙病菌（亚洲种）、红火蚁、黄瓜绿斑驳花叶病毒、假高粱、水稻细菌性条斑病菌、香蕉镰刀菌枯萎病菌4号小种	24
重庆市	稻水象甲、扶桑绵粉蚧、红火蚁、亚洲梨火疫病菌	25
四川省	稻水象甲、毒麦、柑橘黄龙病菌（亚洲种）、红火蚁、马铃薯金线虫、蜜柑大实蝇、内生集壶菌、水稻细菌性条斑病菌	95

（续）

地区名称	全国农业植物检疫性有害生物	发生县级行政区数量/个
贵州省	菜豆象、稻水象甲、柑橘黄龙病菌（亚洲种）、红火蚁、马铃薯金线虫、蜜柑大实蝇、内生集壶菌、水稻细菌性条斑病菌	69
云南省	菜豆象、稻水象甲、扶桑绵粉蚧、柑橘黄龙病菌（亚洲种）、红火蚁、马铃薯金线虫、蜜柑大实蝇、内生集壶菌、水稻细菌性条斑病菌、香蕉镰刀菌枯萎病菌4号小种	92
西藏自治区	无	0
陕西省	稻水象甲、毒麦、腐烂茎线虫、李属坏死环斑病毒、列当属、葡萄根瘤蚜	26
甘肃省	毒麦、梨火疫病菌、苹果蠹蛾	29
青海省	无	0
宁夏回族自治区	稻水象甲、瓜类果斑病菌、黄瓜黑星病菌、黄瓜绿斑驳花叶病毒、苹果蠹蛾	14
新疆维吾尔自治区	稻水象甲、扶桑绵粉蚧、瓜类果斑病菌、梨火疫病菌、列当属、马铃薯甲虫、苹果蠹蛾	82
新疆生产建设兵团	稻水象甲、梨火疫病菌、列当属、马铃薯甲虫、苹果蠹蛾	8
总计		1 348

（二）部分重大疫情发生情况

（1）红火蚁。在浙江、福建、江西、湖北、湖南、广东、广西、海南、重庆、四川、贵州、云南共12个省份的551个县（市、区）发生。新增疫情发生县级行政区130个（四川25个，广西20个，湖南15个，云南14个，江西12个，重庆11个，浙江9个，广东8个，福建7个，湖北、贵州各4个，海南1个），根除疫情县级行政区8个（贵州5个，福建、海南、湖南各1个）。全年发生面积633.0万亩，比上年增加65.0万亩，增幅为11.4%。2021年，农业农村部会同有关部门坚决贯彻党中央、国务院决策部署，通过明确部门监测责任、加密监测网点、建立部门间信息通报机制，提升了疫情监测和信息调度能力，疫情发生信息更全面，防控进展信息更新更及时。但红火蚁目前仍处于加速传播阶段，扩散蔓延态势严峻。

（2）柑橘黄龙病菌（亚洲种）。在浙江、福建、江西、湖南、广东、广西、海南、四川、贵州、云南共10个省份的325个县（市、区）发生，新增疫情发生县级行政区

7个（广西3个，四川2个，湖南、浙江各1个），根除疫情县级行政区2个（福建1个，广东1个）。全年发生面积214.0万亩，比上年增加4.6万亩，增幅为2.2%。大部分发生省份将平均病株率控制在5%以内，大部分发生省份将传病虫媒密度控制在较低水平。四川省结合抽样检测、田间监测等措施，专项排查并清除染疫病株，首次实现成都平原柑橘黄龙病清零。但总体而言，柑橘黄龙病扩散蔓延风险依然较高，一是广西、湖南、江西等地报告年度木虱虫量仍处于较高水平，且全国来看北扩趋势明显；二是由于无病苗市场供应不充足、植物检疫执法人员力量不足等，柑橘黄龙病菌和木虱随种苗扩散风险仍然很高；三是广西、浙江等省份部分地区柑橘市场价格下跌，果农对柑橘黄龙病防治投入减少，导致失管、半失管橘园增多，加剧了柑橘黄龙病的发生与流行。

（3）苹果蠹蛾。在天津、河北、内蒙古、辽宁、吉林、黑龙江、甘肃、宁夏、新疆共9个省份的156个县（市、区）发生。新增疫情发生县级行政区8个（新疆4个，辽宁2个，甘肃、宁夏各1个）。全年发生面积51.5万亩次，比上年减少5.9万亩次，降幅10.3%。甘肃、新疆、辽宁等省份发生区果园虫口密度均控制在3%以内，蛀果率明显下降。河北、天津及时清理果园及周边可能越冬场所，使用性信息素迷向防控技术建立疫情阻截带，有效遏制了苹果蠹蛾的扩散势头。

（4）梨火疫病菌。在甘肃、新疆共2个省份的66个县（市、区）发生，新增疫情发生县级行政区3个（新疆3个），发生面积20.3万亩。梨火疫病在新疆大部的梨、苹果产区总体中等发生，在甘肃河西走廊的部分果园点片发生，疫情随传粉昆虫、农事操作等在已发生县（市、区）扩散风险较高，存在随苗木调运进一步传入苹果、梨优势产区的风险。

（5）亚洲梨火疫病菌。在浙江、安徽、重庆共3个省份的11个县（市、区）发生，新增疫情发生县级行政区1个（浙江1个），根除疫情县级行政区1个（重庆1个），全年发生面积1 277.5亩。亚洲梨火疫病在浙江西北部、安徽南部、重庆东北部的部分苹果、梨产区零星发生，疫情在发生区随蜜蜂授粉及果树修剪等农事操作扩散风险较高。

（6）大豆疫霉病菌。在内蒙古、黑龙江、安徽、河南共4个省份的35个县（市、区）发生，新增疫情发生县级行政区9个（黑龙江8个，安徽1个），根除疫情县级行政区1个（河南1个）。全年发生面积66.3万亩，比上年增加36.6万亩，增幅123.2%。近年，东北地区大豆种植恢复式发展，种植面积不断增加，2021年受土壤带菌率较高、温湿度条件适宜、种子包衣措施不到位、抗病品种少等因素影响，大豆疫霉病在黑龙江等局部地区发生偏重，扩散蔓延发展趋势明显，严重地块减产达50%～60%。

(7) 黄瓜绿斑驳花叶病毒。在宁夏、广东、广西、江苏、河北、浙江、海南共7个省份的11个县（市、区）发生。新增疫情发生省级行政区1个（河北1个），根除疫情省级行政区1个（甘肃1个）、县级行政区15个（江苏8个，安徽、浙江各2个，上海、广东、甘肃各1个）。全年发生面积0.93万亩，比上年增加11.4%。从疫情来源上分析，带毒种子、苗木仍是疫情的主要来源。

(8) 瓜类果斑病菌。在内蒙古、吉林、宁夏、新疆、湖南、福建、黑龙江共7个省份的14个县（市、区）发生。新增疫情发生县级行政区1个（吉林1个），根除疫情县级行政区10个（山东5个，宁夏3个，甘肃1个，江苏1个）。全年发生面积1.56万亩，比上年增加0.29万亩。虽然根除了部分疫情发生点，但是新疆阿勒泰部分地区瓜类果斑病菌发生面积进一步扩大。带毒种子、苗木仍是疫情的主要来源，在瓜类生长关键时期集中降雨、低温寡照容易导致病害大面积发生。

四、重大疫情阻截防控

（一）强化种子（苗）检疫

按照农业农村部统一部署，各级植物检疫机构切实加强国内产地检疫和调运检疫，强化对调运植物、植物产品的检疫监管。产地检疫方面，水稻、玉米、小麦等主粮作物的产地检疫面积基本达到全覆盖，果树、蔬菜、花卉等农作物种苗检疫覆盖率逐步提升，产地检疫批次、涉及植物和植物产品数量有一定的增长。调运检疫方面，省内、省间调运检疫批次、涉及植物和植物产品数量增长较快。

1. 产地检疫

各级植物检疫机构严格按照法规规范开展植物及植物产品产地检疫，切实降低检疫性有害生物随植物及植物产品传播风险。2021年全年签发产地检疫合格证5.7万份，产地检疫总面积2 741.3万亩，种子总质量1 252.3万吨，苗木322.5亿株。

从各省情况来看，30个省份都出具了产地检疫合格证。从签发数量上来看，各省差异很大，新疆、甘肃、黑龙江、河南、山东5省份年签发量均超过3 000份，占全国总数的47%。从产地检疫面积上来看，黑龙江、河南、甘肃、新疆、山东、江苏、安徽、河北共8省份的产地检疫面积均在100万亩以上，占全国的72%。从产地检疫种子质量上来看，甘肃、黑龙江、河南3省份占全国的35%。从产地检疫苗木数量上来看，广东、安徽、四川、浙江、贵州、重庆、福建共7省份年度检疫苗木数量超10亿株，占全年产地检疫苗木数量的84%（表4-3）。

表4-3　2021年各省份产地检疫情况表

地区名称	签发数量/份	申请单位/个	作物种类/种	作物品种/个	面积/亩	质量/千克	株数/株
北京市	208	63	44	857	10 989	4 750 163	21 103 186
天津市	200	34	31	1 215	34 301	15 927 151	147 600 000
河北省	1 917	392	110	6 580	1 115 072	656 064 346	641 671 200
山西省	1 134	184	93	3 287	171 292	73 531 153	20 744 840
内蒙古自治区	819	249	72	2 996	812 271	881 777 955	3 600 000
辽宁省	2 915	473	267	11 235	338 089	121 015 072	944 242 245
吉林省	986	246	101	6 401	314 833	131 196 011	39 298 000
黑龙江省	4 350	408	74	11 966	3 993 842	1 466 914 586	208 217 806
上海市	283	61	60	1 050	56 944	26 665 162	148 917 000
江苏省	2 853	294	81	3 290	2 106 451	952 543 285	20 704 600
浙江省	1 055	352	139	1 750	222 934	83 718 194	2 819 199 150
安徽省	2 443	434	106	6 470	1 609 155	601 492 385	3 786 847 240
福建省	1 388	232	37	2 219	304 610	65 940 126	1 344 842 175
江西省	954	190	46	1 943	290 249	71 326 968	101 280 918
山东省	3 330	615	144	10 530	2 440 061	990 557 766	440 800 342
河南省	3 640	721	90	6 954	2 966 996	1 244 600 167	299 505 600
湖北省	920	221	94	2 178	284 991	104 641 455	199 101 788
湖南省	1 210	263	94	3 429	501 476	404 309 341	263 765 325
广东省	1 166	174	152	3 401	296 738	9 262 980	12 335 056 497
广西壮族自治区	651	170	69	1 708	145 528	53 232 352	400 415 500
海南省	1 318	656	64	4 699	192 634	43 587 124	6 188 215
重庆市	668	243	78	1 994	294 167	40 402 837	1 893 000 024
四川省	2 780	847	194	6 450	928 780	911 252 648	2 863 830 910

（续）

地区名称	签发数量/份	申请单位/个	作物种类/种	作物品种/个	面积/亩	质量/千克	株数/株
贵州省	454	233	115	1 035	190 090	80 656 536	2 145 263 438
云南省	1 238	367	113	2 702	448 429	401 125 148	191 929 360
西藏自治区	0	0	0	0	0	0	0
陕西省	874	260	102	2 848	709 252	182 086 851	757 512 574
甘肃省	5 861	666	257	28 892	2 901 402	1 645 372 556	86 816 103
青海省	187	40	26	128	201 266	74 076 189	0
宁夏回族自治区	1 044	112	65	1 809	171 882	160 011 473	122 029 600
新疆维吾尔自治区	9 708	478	92	9 683	2 496 544	788 569 928	270 000
新疆生产建设兵团	748	235	31	1 649	861 924	236 559 096	45 000
总计	57 302	—	—	—	27 413 188	12 523 167 003	32 253 798 636

注：因分列数据存在四舍五入，所以加和数据与总计数据略有偏差。

从农作物看，稻、小麦、玉米、棉花、大豆产地检疫合格证数量占全年总产地检疫合格证签发数量的45%，产地检疫面积和质量分别占总面积、总质量的81%和66%，其中小麦的产地检疫面积和质量远远高于其他作物，棉花的各项数据均为最低（表4-4）。

表4-4　2021年主要农作物产地检疫情况表

作物	签发数量/份	申请单位/个	面积/亩	质量/千克
稻	8 147	1 042	4 079 991	1 762 126 584
小麦	5 830	1 332	8 524 655	3 888 969 954
玉米	8 494	1 439	4 297 566	1 745 900 877
棉花	734	187	1 628 926	264 014 054
大豆	2 741	478	3 798 668	595 811 563

2. 调运检疫

2021年，各级植物检疫机构共签发农业植物、植物产品调运检疫证书34.1万份，经检疫合格调运种子254.2万吨、苗木65.1亿株，其中省内调运18.0万批次，调运种子 99.1 万吨、苗木 14.0 亿株，省间调运 16.1 万批次，调运种子 155.1 万吨、苗木 51.1 亿株。

按省内、省间调运分析，从省内调运检疫情况来看，1 月、3 月、12 月签证量均高于 3 万份；8—11 月调运种子质量均在 11 万吨以上；4 月苗木调运量为 3.1 亿株，为全年最高，1 月、5 月、11 月和 12 月调运量也在 1.0 亿株以上。从省间调运检疫情况来看，1—3 月、11 月和 12 月签证数量均高于 1.8 万份；1 月、3 月、9—12 月调运种子质量均在 13 万吨以上；4 月、5 月苗木调运量均超过 10 亿株，远高于其他月份。

按调运省份分析，四川、河南、贵州、广西、河北等省份省内调运证书签发量超过 1 万份，占全国的 61%；河南、江苏、四川、河北、云南、湖南、贵州、山东、黑龙江共 9 省份省内调运种子质量超过 5 万吨，占全国的 72%；浙江、四川、贵州、湖北共 4 省份省内调运苗木株数均超过 1 亿株，总数量占全国的 80%（表 4－5）。四川、浙江、甘肃、安徽、河南 5 省份省间调运证书签发量超过 1 万份，占全国的 49%；浙江、甘肃、四川等省份省间调运作物种类较多，均超过 150 种，其中甘肃省间调运作物品种超过 1 万个；甘肃、新疆 2 省份合计省间调运种子质量占全国的 47%；浙江省的省间调运苗木量占全国的 54%（表 4－6）。

表 4－5　2021 年省内调运检疫情况表

地区名称	签发数量/份	申请单位/个	作物种类/种	作物品种/个	质量/千克	株数/株
北京市	18	6	11	131	6 003	0
天津市	116	15	27	339	142 800	0
河北省	10 134	283	87	2 583	78 500 167	35 053 412
山西省	2 189	79	27	651	3 933 598	405 086
内蒙古自治区	2 809	155	29	1 248	30 418 044	0
辽宁省	2 442	189	80	1 513	9 365 462	18 770 328
吉林省	2 155	154	38	984	15 254 723	1 054 320
黑龙江省	1 903	143	15	763	56 802 028	6 800
上海市	30	15	15	53	592 130	3 665 885
江苏省	5 372	204	61	1 262	99 904 540	2 081 664
浙江省	9 816	241	131	3 205	22 605 929	399 397 585
安徽省	5 171	186	28	1 025	29 396 849	17 051 511

（续）

地区名称	签发数量/份	申请单位/个	作物种类/种	作物品种/个	质量/千克	株数/株
福建省	31	10	9	45	1 991 674	0
江西省	5 642	91	36	989	20 333 812	863 717
山东省	4 256	208	50	1 311	56 850 360	27 595 181
河南省	26 917	655	85	2 905	145 852 795	25 040 455
湖北省	1 417	175	42	687	9 923 609	126 978 855
湖南省	6 435	233	45	2 041	61 042 177	26 254 396
广东省	1 576	96	76	1 654	3 775 263	1 601 479
广西壮族自治区	14 928	184	46	1 743	41 274 695	4 363 037
海南省	565	20	2	114	779 752	0
重庆市	6 284	271	63	1 033	14 600 360	40 376 248
四川省	32 733	834	181	4 130	81 830 737	336 652 962
贵州省	25 048	548	102	1 790	58 329 869	260 538 802
云南省	4 691	396	95	1 363	71 899 422	35 486 512
西藏自治区	0	0	0	0	0	0
陕西省	3 331	350	95	1 536	15 726 127	12 788 379
甘肃省	860	154	66	1 189	22 250 296	15 065 762
青海省	48	6	8	9	533 998	0
宁夏回族自治区	189	26	14	90	1 476 959	5 778 380
新疆维吾尔自治区	2 907	182	67	1 118	34 804 857	446 900
新疆生产建设兵团	10	7	5	11	175 840	25 000
总计	180 023	—	—	—	990 374 872	1 397 342 656

注：因分列数据存在四舍五入，所以加和数据与总计数据略有偏差。

表 4-6　2021 年省间调运检疫情况表

地区名称	签发数量/份	申请单位/个	作物种类/种	作物品种/个	质量/千克	株数/株
北京市	1 457	57	45	1 426	3 669 512	16
天津市	1 452	35	48	1 084	719 459	0
河北省	5 002	335	113	2 846	21 656 836	44 194 895
山西省	3 466	130	60	1 250	8 696 627	3 187 943
内蒙古自治区	1 499	203	37	1 565	73 131 916	1 940 000

（续）

地区名称	签发数量/份	申请单位/个	作物种类/种	作物品种/个	质量/千克	株数/株
辽宁省	5 303	342	134	3 926	16 384 526	41 280 215
吉林省	3 967	193	60	3 129	7 886 889	4 131 504
黑龙江省	2 002	239	32	2 260	24 104 058	5 900
上海市	358	39	39	351	2 624 518	48 479 177
江苏省	1 784	228	77	1 364	54 058 843	74 568 420
浙江省	19 470	467	196	7 544	9 992 771	2 747 978 684
安徽省	13 621	310	66	2 395	33 800 975	844 904 250
福建省	1 954	184	33	1 272	54 332 930	178 427 570
江西省	2 212	170	50	1 353	34 029 748	29 842 700
山东省	7 109	508	149	3 903	19 000 721	91 122 934
河南省	11 570	595	140	3 528	48 265 768	61 981 078
湖北省	3 453	203	62	1 154	22 886 405	360 379 011
湖南省	7 710	303	95	1 680	32 556 682	15 519 346
广东省	3 919	217	142	1 033	59 267 072	16 662 950
广西壮族自治区	5 705	510	70	872	44 409 658	29 698 903
海南省	1 600	494	42	3 518	36 411 625	479 415
重庆市	2 403	153	42	642	13 801 401	3 879 782
四川省	20 880	741	179	3 638	67 867 624	327 086 703
贵州省	2 078	134	41	880	27 830 954	17 783 914
云南省	6 950	394	116	1 893	51 701 928	90 674 659
西藏自治区	0	0	0	0	0	0
陕西省	2 477	355	104	1 226	20 759 638	58 761 295
甘肃省	13 937	544	181	11 108	466 820 369	4 572 790
青海省	86	14	15	26	4 347 829	0
宁夏回族自治区	1 207	90	48	486	28 253 519	7 732 000
新疆维吾尔自治区	5 534	625	56	3 120	194 813 640	6 580 005
新疆生产建设兵团	714	85	12	670	67 621 233	20 000
总计	160 879	—	—	—	1 551 705 673	5 111 876 059

注：因分列数据存在四舍五入，所以加和数据与总计数据略有偏差。

按调运检疫作物分析，5 种主要农作物签发省内调运检疫证书数量占总量的 83%，调运种子量占 82%，签发省间调运检疫证书数量占总量的 58%，调运种子量占 72%（表 4－7）。

表 4－7　2021 年主要农作物种子调运检疫情况表

作物	省内			省间		
	签发数量/份	申请单位/个	质量/千克	签发数量/份	申请单位/个	质量/千克
稻	53 986	1 314	238 274 231	30 548	700	226 787 604
小麦	20 264	842	336 887 691	4 663	482	68 153 903
玉米	73 771	2 045	203 054 607	56 535	1 577	809 328 592
棉花	344	51	4 730 463	190	50	820 273
大豆	1 896	200	24 795 118	1 672	213	13 434 300
总计	150 261	4 452	807 742 111	93 608	3 022	1 118 524 673

注：因分列数据存在四舍五入，所以加和数据与总计数据略有偏差。

（二）加强重点区域和重点环节检疫监管

各级植物检疫机构以“打好种业翻身仗”为目标，在保障优质种质资源安全使用和加强重要种子繁育基地疫情防控能力建设上下功夫，针对国家级“两杂”种子生产基地、区域性良种繁育基地等重点地区，以及马铃薯、柑橘、西甜瓜等重点作物，组织开展检疫专项检查，落实基地建设单位防范植物疫情责任，强化生产经营单位守法意识，提升植物检疫监督管理水平。

针对海南南繁基地，农业农村部组织各省植物检疫机构和相关科研单位派员赴海南开展联合巡查，2020—2021 年度南繁期间，派出 12 个批次 28 个省份的植物检疫员赴海南南繁基地值守，对 699 个南繁单位的 40 多种作物进行了巡检，调查面积57 169亩，监测确定、科学处置疫情发生点 30 余个，涉及 6 种全国农业植物检疫性有害生物，切实提升了南繁基地检疫覆盖率、疑似样品检测率和零星疫情处置率。对苜蓿、燕麦等近年引进数量大的牧草种子，组织专家组赴内蒙古、甘肃开展疫情监测，督促引种企业配合监管。

（三）突出重大疫情防控

2021 年，按照“分类指导、分区治理”的总体工作思路，农业农村部制定了柑橘黄龙病、苹果蠹蛾、马铃薯甲虫和梨火疫病共4种重大植物疫情阻截防控技术方案，指导各地开展疫情发生区综合防控和扩散前沿区阻截。在江西、广西、湖南共3省份开展以柑橘黄龙病为主的柑橘有害生物全程防控试验示范，在广东、广西、福建、海南、贵州、云南、江西共7省份开展红火蚁防控示范区建设，带动地方科学防控。

各地按照农业农村部部署，积极开展相关疫情阻截防控工作。对新传入、分布范围小的疫情，重点组织开展铲除扑灭，2021年累计铲除黄瓜绿斑驳花叶病毒、瓜类果斑病菌等零星疫情点66个。对发生区域不广、对产业威胁较大的重大疫情，重点组织开展阻截防控。针对新疆马铃薯甲虫，利用较好的自然隔离条件，通过设立固定监测网点、铲除传播通道寄主植物、管控发生区产品调运等措施，牢牢将其控制在新疆北疆区域长达26年。针对苹果蠹蛾，西线抓住残次果品调运这一高风险点，采取阻截劝返、定点加工、应急处置等措施，持续将疫情阻截在甘肃兰州以西；东线采取性信息素迷向、大规模统防统治等方式，严防其传入黄土高原和胶东半岛苹果优势产区。对发生范围较广的疫情，重点组织开展综合治理，降低传播风险，减轻危害损失，保护产业发展。江西、广西等省份采取清除染病植株、统一防控木虱、推广健康种苗、强化检疫监管等综合措施，初步遏制了柑橘黄龙病的暴发态势，产业逐步恢复。各水稻主产区采取秧田防控、带药移栽等综合措施，将稻水象甲危害程度长期控制在3%以内。

1. 红火蚁防控

2021年，红火蚁累计防治面积达1 751.5万亩次，对1 189万株染疫苗木开展灭杀处理，实行轮作及其他处理4.6万亩次。

农业农村部坚决贯彻落实党中央决策部署，牢固树立风险意识，强化联防联控，推进各部门、各地区协同共进，通过“五个加强”落实落细红火蚁各项防控措施。一是加强责任落实。红火蚁在城市公园绿地、农田、林地、江河堤坝以及城乡垃圾场、撂荒地等多种生境都可为害，对其阻截防控需要多部门协同配合。农业农村部会同住房和城乡建设部、交通运输部、水利部、国家卫生健康委、海关总署、国家林草局、国家铁路局和国家邮政局等有关部门相关司局处室，建立了部际红火蚁协作联防工作机制，厘清了各部门防控责任，形成了工作清单，并联合印发了加强红火蚁阻截防控工作的通知，要求各部门、各地区建立统筹推进、职责明晰、协调联动的工作机制，各负其责，依法履职。二是加强协同联动。部门协同上，部级层面先后3次组织召开部际协调会议，共同研究明确部门防控职责和联防联控重点，通报红火蚁发生动态，分享监测防控技术措施；组织6个由司局长带队的工作组，督导检查红火蚁防控工作落实情况，指导防控行动；各地也建立了多部门协调工作机制，联合发布疫情发生分布信息，协同开展检疫监管，形成工作合力。区域联动上，3月组织9部门召开红火蚁联合防控行动启动会，10月召开秋季联合防控现场会，推动各地开展春秋两季联合防控。省际间加强信息交流，强化高风险物品检疫监管，防范疫情传播，省域内加强组织协调，提升防控效果。三是加强检疫监管。各部门、各地区切实强化重点物品、重点区域检疫监管，农业农村、林业和草原部门重点加强对疫情发生县（市、区）调运的带土农作物苗木、带土绿化苗木、草坪草等的检疫，发现疫情的进行除害处置或停止调运；海关加强对来源于红火蚁发生国家和地区的进境货物、集装箱的检验检疫；交通运输、铁路和邮政部门督促有关企业做好疫情发生县（区）承运或收寄相关物品的植物检疫证书查验。各有关部门配合做好疫情发生区内染疫物品的处置，督促企业遵守法规要求，采取防范措施，降低疫情传播风险。四是加强综合治理。针对红火蚁发生实际，确立分区治理、分类施策的防控策略，科学划定疫情零星发生区、普遍发生区和传入风险区，并采取针对性、差异化的防控措施。在零星发生区，立足在“铲”，通过采取应急扑灭措施，力争铲除疫情点；在普遍发生区，关键在“控”，通过加强对重点物品检疫监管和疫情处置，严防疫情传出，并通过大范围统防统治，压低虫口基数，减轻疫情危害；在传入风险区，重点在“检”，通过强化疫情监测和宣传培训，共同筑牢疫情防线，力争疫情早发现、早处置。五是加强工作保障。在资金保障方面，中央财政安排2.08亿元，带动地方财政投入1.9亿元用于红火蚁防控救灾。在防控物资上，组织筛选推荐33种灭蚁药剂，广东省在所有乡镇建立红火蚁防控药剂售卖点，保证买得到药剂、选对路药剂。在技术服务上，于防控关键时期，选派专家赴发生省份进行技术指导培训，广东、四川、贵州等省份也组建了省级专家指导组，开展技术下乡活动，切实提升防控科学性。在宣传方面，编印下发红火蚁识别与防控技术挂图39万套，在村屯宣传栏、农资经营门店广为张贴，并利用中央电视台等官方媒体，以及抖音、微信公众号等新兴媒体开展广泛宣传，引导公众正确认识和防范红火蚁。

2. 柑橘黄龙病防控

2021年，柑橘黄龙病累计防治面积3 486.7万亩次，对352.7万株染疫苗木开展灭杀销毁处理，实行轮作及其他处理12.0万亩次。

根据柑橘黄龙病的地理分布，划分阻截前沿区、发生区、未发生区，实施分类指导、分区治理。阻截前沿区包括柑橘木虱北移、病害扩散关键或前沿区域，包括黔东南和黔西南扩展前沿区、金沙江流域（四川、云南）阻截带。发生区包括广东、广西（大部）、福建柑橘产区和浙南柑橘带，以及云南、海南等省份局部县（市、区）。未发生区包括长江上中游（湖北秭归县以西、四川宜宾市以东，以及重庆三峡库区），鄂西-湘西柑橘带，湖北丹江库区北缘柑橘基地，四川内江市、安岳县和云南德宏基地等。

各地采取的具体措施包括：一是加强疫情阻截。强化预防控制，重点在金沙江中下段两岸构建长约 90 千米的阻截带，改种其他经济作物，阻断疫情扩散，全力保护好长江上中游、鄂西-湘西柑橘带等疫情未发生区。在赣南-湘南-桂北和浙南-闽西-粤东等疫情发生区采取综合防治措施，控制疫情蔓延，推进建立以 200～300 亩为 1 个单元的连片基地，并在单元与单元之间保留或种植一定规模的隔离带，减轻病害的发生蔓延。二是加密监测预警。在柑橘优势种植区，加密布设监测网点，及时准确监测病害发生动态，及早发布预警信息；组织开展区域间联合监测，加强信息调度分析和互联互通，提升疫情风险分析、防控指挥调度能力。三是推进标准化生产。指导果农按标生产、规范管理，降低柑橘黄龙病的发生概率；推进老果园改造，集成推广精心整园、精细修剪、精准施肥、精确用药的绿色高效技术模式，打造绿色生态果园；发挥新型社会化服务组织的作用，因地制宜开展统一整园、统一修剪、统一施肥、统一用药等全程技术服务，降低染病风险。四是推进综合防控。加快健康种苗推广，建设区域性果树良种繁育基地，提高健康种苗供给能力，努力实现优势产区健康种苗全覆盖；切实降低木虱基数，大范围推行冬季清园、夏季控梢和春秋两季木虱统防统治，减少木虱危害；积极推广天敌生物，控制木虱种群数量；及时铲除染病植株，指导农民及时发现病株、坚决砍除病株，减少黄龙病传播源，并鼓励农户在隔离网室集中繁育大苗，及时补种以恢复生产。五是严格检疫监管。落实产地检疫和调运检疫制度，确保未经检疫的种苗不得出圃、不得入园，净化柑橘苗木市场；加强柑橘苗木繁育监管，对非法调运、生产、经营感染柑橘黄龙病的柑橘苗木等繁殖材料的行为，依法严肃处理。

上述措施在实践中取得了很好的效果，如江西省赣州市、抚州市、吉安市等地在柑橘黄龙病防控关键时期，加强防控技术指导，积极推行“治虫防病”“挖治管并重”的综合治理措施，柑橘黄龙病平均病株率由最高年份 2014 年的 19.7%下降到 3.9%，基本遏制了柑橘黄龙病扩散蔓延的势头。四川省在雷波县、屏山县、叙州区和翠屏区建立了全长 270 千米、面积 11 万亩的柑橘黄龙病阻截带，开发运用“四川省柑橘黄龙病阻截带监测预警体系”，建设九里香远程监测点 6 个，设置果园监测点 120 个，及时监测柑橘黄龙病和柑橘木虱发生动态。广西制定出台《广西壮族自治区柑橘黄龙病防控规定》，强化资金支持，压实属地责任，在柑橘主产县建立 1～3 个柑橘黄龙病综合防控示范区，辐射带动整体防控。

3. 黄瓜绿斑驳花叶病毒病和瓜类果斑病防控

2021 年，黄瓜绿斑驳花叶病毒病和瓜类果斑病累计防治面积 6.8 万亩次，对 2 万株染疫苗木、26.7 万千克植物产品开展灭杀处理，实行轮作及其他处理 3 265 亩次。

根据葫芦科作物种植用途划分制种区和生产区，实施分区治理。制种区：重点加强制种企业和繁育基地检疫监管覆盖率，全面开展快速检测试纸条筛查，鼓励开展种子处理研究试验，推广自根苗育苗技术；发现疫情的地区，采取严格的检疫除害措施，严防染疫种子种苗外运，确保供种安全。生产区：重点提高外地调入瓜类种子种苗复检率，及时开展种子市场检查和田间监测调查，推广直播和自根苗种植；发现疫情的地区，及时进行疫情溯源，查清相关种子种苗流向，对发病田块进行根除处理，实施非瓜类寄主作物轮作。

各地采取的具体措施包括：一是严格检疫监管。组织各级植物检疫机构对辖区内的制种企业、单位及个人进行调查摸底，了解种子种苗繁育数量、亲本来源和销售流向，严厉查处无证调运等违法行为。督促制种企业申报产地检疫，严肃查处不申报产地检疫及私自制种行为；对调入种子种苗，全面查验植物检疫证书，对来自高风险区的亲本种子和繁育苗进行复检；对调出种子，逐批查验产地检疫合格证，无产地检疫合格证的应抽样进行室内检测，检测合格的方可调运。二是加强监测调查。在瓜类作物苗期、伸蔓期、坐果期、成熟期等关键生育期，组织开展疫情监测调查，实现瓜类种子种苗繁育基地、嫁接苗繁育基地和商品瓜集中种植区全面覆盖，通过走访调查和田间踏查，了解主要病虫害发生情况。三是强化种子处理。推广种子干热处理、药剂处理、温汤浸种等措施，对收获后的瓜类种子进行预防处理，降低种子染病传病风险。四是推进科学防控。对疫情发生点采取严格的检疫根除措施，对被污染的土壤、物品、运输工具、农具、旧薄膜、绳子等进行彻底消毒；发现疫情的田块，与非葫芦科植物实行 3 年以上轮作；在嫁接、移栽、绑蔓、整枝、打杈等农事操作过程中，指导生产者做好手和工具的消毒，防止人为交叉感染和传播病菌。

上述措施在实践中取得了较好成效，如宁夏对瓜类（含砧木）种子加大抽样检测力度，植物检疫机构联合种子管理、农业执法等部门对种子经销店、种苗繁育基地生产销售的瓜类种子种苗进行现场快速检测和抽样送检，凡是市场流通的种苗，做到全覆盖抽检。染疫种子、种苗全部销毁，保护了100万亩硒砂瓜产业安全。

4. 稻水象甲防控

2021年，稻水象甲累计防治面积1 208.7万亩次，对31.5万千克种子、13.6万株秧苗开展灭杀处理，实行轮作及其他处理23.9万亩次。

根据水稻生产布局和稻水象甲发生情况，实施分类指导、分区治理。在水稻制种区和有零星疫情发生的水稻主产区，包括黑龙江、江西、重庆、四川、贵州、云南共6个省份，重点强化检疫监管和应急防控，基本扑灭零星疫情，防止疫情进一步扩散。在非水稻主产区和稻水象甲发生较广的水稻主产区，包括北京、天津、河北、山西、内蒙古、辽宁、吉林、浙江、安徽、福建、山东、河南、湖北、湖南、广西、陕西、宁夏、新疆共18个省份，大力开展综合治理，推进栽培制度调整，将平均危害损失率降低到3%以下，逐步缩小发生范围。在未发生区，包括上海、江苏、广东、海南共4个省份，重点进行全面监测，及时发现并扑灭新出现疫情，通过检疫协同监管堵住人为传播隐患，阻截稻水象甲传入，确保水稻产区和主要制种基地生产安全。

各地采取的具体措施包括：一是加强调查监测。对所有发生区和受威胁区域进行全面监测，通过灯光诱集、田间调查准确掌握疫情发生消长动态，确保疫情得到及时有效处置。在发生区选择有代表性的发生田，重点监测发生危害动态；在未发生区选择毗邻发生区边缘的稻区，江河、铁路和公路枢纽沿线稻田等传入风险较高区域，重点监测疫情是否传入，在水稻主产区、水稻制种基地等传入影响较大的区域，适当增加监测点数量。二是推进综合防控。在化学防控方面，针对不同的防治时期和虫态，选择“拌、喷、浸、撒”施药技术，即在播种前进行拌种，成虫羽化高峰期（水稻移栽前后）喷药防控，移栽时用药液浸泡秧苗30分钟后再移栽，移栽后用颗粒剂拌土撒施。在物理防治方面，在越冬成虫回迁及危害期，利用诱虫灯诱杀成虫。在生物防治方面，在发生程度较轻的地区，采用牧鸭防虫、白僵菌及绿僵菌等生物防治措施。在农业防治方面，加强水肥管理，推行浅水栽培，通过晒田使稻田泥浆硬化，抑制幼虫危害；对发生区大田，收割后进行秋翻晒垡灭茬，铲除稻田周边杂草，破坏其越冬场所。三是强化检疫监管。各级植物检疫机构进行协同监管，完善植物、植物产品调运信息通报机制。发生区严格检疫监管，稻水象甲严重发生的田块，由植物检疫机构监督进行稻残茬翻耕销毁。未发生区加强对来自发生区的稻草包装、铺垫物的检查，必要时喷施药剂进行杀虫处理，重点是加强对水稻制种基地、科研育种基地的检疫管理。

5. 马铃薯甲虫防控

根据马铃薯甲虫发生分布和传播扩散特点，着力打造“东、西”2条疫情阻截防线，2021年累计防治面积6.6万亩次。

防控区域分为西线、东线2个区域，实施分类指导、分区治理。西线地区包括新疆天山以北的乌鲁木齐、昌吉、博尔塔拉、巴音郭楞、伊犁、塔城、阿勒泰、石河子和五家渠等。开展综合治理，逐步缩小发生范围，降低虫口密度；加强检疫监管，将马铃薯甲虫控制在木垒县以西。东线地区包括黑龙江鸡西、双鸭山和牡丹江，吉林延边珲春等已报告发生的市（县），以及大兴安岭、黑河、伊春、鹤岗、佳木斯等其他中俄边境沿线地区。实施全面监测，及时发现并扑灭新发疫情点，集中种植诱集带并快速扑杀迁入虫源。

各地采取的具体措施包括：一是加密调查监测。在发生区和马铃薯主产区科学布局监测网点，及时掌握疫情发生、消长动态。5—9月，在成虫迁飞和成虫、幼虫危害期，实行定期报告制度，确保疫情早发现、早报告、早扑灭。二是铲除新发疫情。对新发、突发疫情及时组织开展应急防治，对染疫中心株及周围10米^{2}范围的植株立即进行喷药处理，并进行人工清除、深埋。有条件的，在疫点周边设立80千米宽的无马铃薯甲虫寄主植物的生物隔离带，防止马铃薯甲虫传出扩散。深翻疫点土壤（20厘米）、覆膜熏蒸压土，杀死土壤中的蛹和成虫，防止马铃薯甲虫逃逸。三是推进综合防控。在化学防控方面，对疫情发生区，抓住越冬成虫出土盛期、一代和二代幼虫高峰期进行化学防治。在生态治理方面，实行轮作倒茬，清除天仙子、刺萼龙葵等野生寄主植物，减少发生区域。在播种期，因地制宜实施地膜覆盖技术，控制越冬成虫出土；收获后，及时翻耕冬灌，降低越冬基数。在人力防控方面，利用马铃薯甲虫成虫“假死性”，在春季越冬成虫出土盛期，组织人工捕捉，并摘除有卵块的叶片；利用新疆戈壁滩自然隔离条件，人工铲除天仙子等野生寄主，防范疫情自然扩散。四是严格检疫检查。加强产地检疫和调运检疫，严格监管马铃薯种薯及产品调运。吉林、黑龙江重点加大对马铃薯种薯繁育中心检疫检查力度，以及对从俄罗斯滨海新区调运物品储存、运输、加工等场所周边的检疫监测，防止疫情随相关商品传播入境。

6. 苹果蠹蛾防控

2021 年，苹果蠹蛾累计防治面积达 306.4 万亩次，实行轮作及其他处理 40.0 万亩次。

防控区域分为西线、东线和北线。西线地区，包括新疆全境、甘肃兰州市以西地区；东线地区，包括黑龙江哈尔滨市以东地区，吉林延边州，辽宁鞍山市、葫芦岛市、大连市，北京平谷区，天津蓟州区和河北承德市等地区；北线地区，包括内蒙古鄂尔多斯市、乌海市、阿拉善盟、包头市，宁夏中卫市、吴忠市等地区。

对于普遍发生区，通过开展综合治理，有效降低苹果蠹蛾蛀果率，逐步缩小发生范围，如辽宁省加强监测预警，建立 60 个重大疫情阻截监测点，2 个苹果蠹蛾封锁控制示范区，全面落实监测防控工作；甘肃省开展重点区域疫情阻截，建立疫情防控示范区、疫情阻截前沿区和阻截防线，分区治理，遏制疫情传播。对于零星发生区，通过应急防控行动，努力扑灭新发疫情。对于新发生地区，采取严格检疫根除措施，控制疫情南扩，强化监测防控力度，及时掌握发生动态，如河北省在 2020 年首次发生疫情后，立即开展专题培训，全面部署监测防控工作，进一步织密监测网络，提升监测能力。对于受威胁地区，通过全面监测，及时发现并扑灭零星疫情点，加强检疫监管，严防人为传播，遏制苹果蠹蛾扩散蔓延，如陕西省开发使用农产品运输车辆运行查询系统，做到果品来源可追溯，科学预防苹果蠹蛾入省。

各地采取的主要防控措施包括：一是加密监测预警。全面监测苹果、梨、杏、沙果等果园，及时掌握疫情发生、消长动态，确保疫情早发现、早报告、早处置。普遍发生区重点监测有代表性的果园和边缘区；零星发生区重点监测疫情发生点周边 15 千米范围内的果园、果汁加工厂内；受威胁地区重点监测城镇、大中型水果交易市场或集散地周边果园，以及机场、铁路、道路两侧的果园。二是实施综合防控。在农业防治方面，推广冬季清园措施，刮除果树主干分叉以下的粗皮、翘皮，用石灰涂白剂涂白果树主干和大枝，结合树干绑缚布带、稻草等诱集越冬幼虫，消灭越冬幼虫；清除果园中废弃包装箱、杂草灌木丛等可能为苹果蠹蛾提供越冬场所的物品。在物理防治方面，4—9 月，在果园内设置杀虫灯诱杀苹果蠹蛾成虫；对不连片的果园，采用性信息素和专用诱捕器诱杀成虫；对连片大面积果园，布设性信息素散发器进行迷向防治，干扰成虫交配，降低种群数量。在化学防治方面，在苹果蠹蛾卵孵化至初龄幼虫蛀果前开展化学防治，蛀果率 5%以上的地区每年进行化学防治 4～5 次，蛀果率 2%～5%的地区防治 2～3 次，蛀果率2%以下的地区防治1～2次。在废弃果园管理方面，对无人管理的疫情重发果园和无人防治的房前屋后果树，在果实膨大中前期全部摘除并集中销毁。三是强化检疫监管。严禁发生区果品违规调运。严格控制疫情发生区残次果、虫果、落果销往未发生区，特殊情况必须经过检疫处理合格后，按指定的运输路线运到指定加工厂加工，发现携带害虫的，进行灭虫、运返原地或销毁处理。强化果汁加工厂、果品收购加工集散地的检疫监管，落实生产企业疫情防控责任。

7. 梨火疫病防控

2021年，梨火疫病和亚洲梨火疫病累计防治面积达63.9万亩次，对3.8万株染疫苗木进行灭杀处理。

防控区域上分为西线、东线。梨火疫病防控西线地区为新疆，甘肃武威市、张掖市；亚洲梨火疫病防控西线地区为重庆万州区、开州区；防控东线地区为浙江杭州市、金华市、衢州市、丽水市，以及安徽黄山市。对于普遍发生区，通过大力开展综合治理，有效降低亚洲梨火疫病（梨火疫病）病株发生率，逐步缩小发生范围；对于零星发生区，在每年4—6月病害易发、危害症状明显时期，对当地所有梨树和梨苗进行疫情调查监测，发现新发生区零星疫点后通过应急防控行动，努力扑灭新发疫情；对于受威胁地区，通过全面监测，及时发现并扑灭零星疫情点，加强检疫监管，严防人为传播，遏制梨火疫病扩散蔓延；对于未发生区，严禁从疫区调运梨苗与枝条，严禁从疫区购买花粉，防止病害扩散与蔓延，禁止疫区的蜜蜂迁移到无病区。

各地采取的主要防控措施包括：一是强化监测预警。持续开展田间普查，对疑似疫情开展室内检测，实时掌握分布区域、发生程度和发生面积。受威胁地区重点监测种苗、接穗、砧木（杜梨苗）等高风险物品调入的果园，梨、苹果、杜梨、海棠、山楂苗木繁育基地等；发生区重点监测有代表性的果园和边缘交界区；阻截前沿区要加密布设监测点。二是强化农艺措施。清除病树、病枝，病株率较低的果园，重病株发现一株，挖除一株，轻病株采用重修剪清除病枝，剪口应离病斑30厘米以上，或将整个枝条剪除，病树病枝应集中销毁，对病树周围的植株进行喷药保护。冬季修剪清园，发病梨园冬季落叶后，逐株仔细检查每株梨树，彻底剪除有梨火疫病溃疡斑的病枝和枯枝，清除地面上的落叶、落果和枯枝，集中移出园外销毁。最好进行2遍修剪，第一遍剪病枝梢，第二遍是常规的修剪。严禁病健株交叉使用修剪刀，工具要严格做到"一修剪一消毒"，可使用10%漂白粉液、3%中生菌素、2%春雷霉素配制消毒液，在发病果园进行修剪的人员和使用的工具在工作结束后均需进行消毒。对于发病面积较大、病情严重的果园，建议改种其他非寄主植物。三是强化化学防控。梨、苹果、杜梨、海棠、山楂等植物萌芽前、初花期（5%花开）喷施石硫合剂进行保护，在谢花期（80%花谢）、果实膨大期以及果实采收后 10 天之内等时期，选用春雷霉素、噻唑锌、春雷·噻唑锌、氢氧化铜、噻菌铜等杀菌剂进行防控。对于春梢长势旺盛的果园，或用药后遇下雨、冰雹等，应补施杀菌剂 1～2 次。药剂品种应交替轮换使用，整个生长季节每种药剂使用不能超过 2 次。四是强化检疫监管。强化梨、苹果、杜梨、山楂、海棠等蔷薇科寄主植物苗木、接穗等应检物品的调运检疫监管，疫情发生区物品禁止调出，梨、苹果主产区加大调入相关物品的复检力度。

第五章 农药与药械应用

一、农药、药械及使用技术试验示范

2021年，全国农业技术推广服务中心组织植保系统开展新药剂、新剂型田间药效试验，针对主要农作物病虫草害，集成示范作物全程解决方案、作物健康与提质增效综合方案、农药减量化技术模式，以及高效药械精准施药和标准化作业，加快农药新产品、新技术推广，提高有害生物科学防控技术水平。

（一）农药新产品试验

全国农业技术推广服务中心组织安排全国性新药剂、新剂型大田试验，涉及药剂100种，筛选出一批替代老旧农药品种的新产品。

种衣剂（9种）：30%噻虫嗪悬浮种衣剂、24.1%异噻菌胺·肟菌酯悬浮种衣剂、62.5克/升精甲·咯菌腈悬浮种衣剂、31.9%戊唑醇·吡虫啉悬浮种衣剂、600克/升吡虫啉悬浮种衣剂、35克/升咯菌·精甲霜悬浮种衣剂、25克/升灭菌唑种子处理悬浮剂、11%唑醚·灭菌唑种子处理悬浮剂、600克/升噻虫胺·吡虫啉种子处理悬浮剂。

杀虫剂（28种）：25%乙基多杀菌素悬浮剂、100克/升溴虫氟苯双酰胺悬浮剂、200克/升四唑虫酰胺悬浮剂、1%联苯·噻虫嗪颗粒剂、0.5%藜芦碱可溶液剂、1.8%阿维菌素微乳剂、10%阿维·氟啶胺微乳剂、10%阿维·螺螨酯微乳剂、10%阿维·乙螨唑微乳剂、10%呋虫胺微乳剂、10%烯啶虫胺微乳剂、2.5%联苯菊酯水乳剂、20%阿维·杀虫单微乳剂、3%噻虫嗪超低容量液剂、3%茚虫威超低容量液剂、5%啶虫脒微乳剂、5%高效氯氟氰菊酯微乳剂、5.7%甲维盐微乳剂、40%氯虫·噻虫嗪水分散粒剂、6%氯虫·阿维菌素悬浮剂、20%三氟苯嘧啶水分散粒剂、200克/升氯虫苯甲酰胺悬浮剂、14%氯虫·高氯氟微囊悬浮-悬浮剂、30%乙螨唑悬浮剂、50%氟啶虫酰胺水分散粒剂、5%阿维菌素悬浮剂、50克/升双丙环虫酯可分散液剂、24%阿维·氟啶悬浮剂。

杀菌剂（42种）：500克/升三氟咪啶酰胺悬浮剂、25%吡唑醚菌酯悬浮剂、75%肟菌·戊唑醇水分散粒剂、2%春雷霉素水剂、36%春雷·喹啉铜悬浮剂、47%春雷·王铜可湿性粉剂、18.7%丙环·嘧菌酯悬乳剂、22%春雷·三环唑悬浮剂、40%嘧菌·戊唑醇悬浮剂、22%春雷·三环唑可湿性粉剂、5%苯醚甲环唑乳油、10%四氟醚唑·乙嘧酯水乳剂、480克/升氰烯·戊唑醇悬浮剂、8%叶菌唑悬浮剂、40%咪鲜胺铜·氟环唑悬浮剂、40%丙硫菌唑·戊唑醇悬浮剂、325克/升丙硫菌唑·嘧菌酯悬浮剂、480克/升丙硫菌唑悬浮剂、325克/升丙硫菌唑·肟菌酯悬浮剂、27%噻霉酮·戊唑醇水乳剂、30%吡唑醚·戊唑醇悬浮剂、10%噻呋酰胺·戊唑醇微乳剂、10%吡唑醚菌酯微乳剂、15%咪鲜胺·戊唑醇微乳剂、15%肟菌酯·戊唑醇微乳剂、2%春雷霉素水剂、30%苯甲·丙环唑微乳剂、30%稻瘟灵水乳剂、35%霜霉威盐酸盐水剂、4.2%氟环唑·井冈霉素微乳剂、6%氟啶胺·氰霜唑微乳剂、7%辛菌胺·氨基寡糖素可溶液剂、8%丙硫菌唑微乳剂、9%吡唑醚菌酯微囊悬浮剂、30%苯醚甲环唑·丙环唑乳油、325克/升嘧菌酯·苯醚甲环唑悬浮剂、27%三环·己唑醇悬浮剂、18.7%丙环·嘧菌酯、75%肟菌·戊唑醇水分散粒剂、30%肟菌·戊唑醇悬浮剂、20%氟唑菌酰羟胺悬浮剂、240克/升氯氟醚·吡唑酯乳油。

除草剂（15种）：30%丙草胺乳油、3%氯氟吡啶酯乳油、3%氯氟吡啶酯乳油+30%丙草胺乳油、19%氟酮磺草胺悬浮剂、10%氰氟·噁唑乳油、33%氟噻·呋草酮·吡氟悬浮剂、40%砜吡草唑悬浮剂、50%吡氟酰草胺可湿性粉剂、3%甲基二磺隆可分散油悬浮剂、30%苯唑草酮悬浮剂、26%噻酮·异噁唑悬浮剂、960克/升精异丙甲草胺乳油、5%唑啉草酯乳油、10%噁唑酰草胺乳油、10%嘧啶肟草醚水乳剂。

植物生长调节剂（5种）：0.5%噻苯隆可溶液剂、0.01%芸苔素内酯可溶液剂、5%调环酸钙水分散粒剂、1.2%吲哚丁酸水剂、0.4%糠氨基嘌呤水剂。

（二）农作物病虫防控综合解决方案示范推广

以提高重大病虫草害防效、农药减量增效、农业增产提质为目标，开展农药新产品、新技术集成示范，建立新农药展示示范区、作物全程病虫草害综合解决方案、作物健康与提质增产（效）模式等科学安全用药试验示范点（区）230多个，涉及农药新品种、新剂型（缓释药剂等）和新助剂（喷雾助剂等）150多个。其中植物生长调节剂+肥料（植物刺激素）+杀菌（虫）剂+喷雾助剂的作物健康与提质增产（效）模式示范点（区）89个，主要在水稻、小麦、玉米等作物上开展，各示范区化学农药使用总量减少20%以上，农作物产量提升10%～15%。通过示范展示，选出一批环境友好型绿色农药替代传统农药，集成了一批绿色防控、农药减量技术模式。

（三）植保无人机等新型植保机械标准化作业示范

在山东、河北等省份开展植保机械全程标准化作业试验示范9个，在前两年的试验基础上，2021年增加了植保无人机与喷杆喷雾机的性能对比测试。结果显示，植保无人机每亩1～1.5升的施药液量与喷杆喷雾机每亩10升的施药液量均能够满足大田作物的病虫害防治要求，喷杆喷雾机的防效优于植保无人机。针对水稻田杂草、柑橘红蜘蛛等主要病虫害大面积防控，组织开展植保无人机联合试验，累计安排试验40余个，涵盖植保无人机4种、农药制剂9种、农药助剂15种，筛选出了植保无人机、药剂和助剂联合使用的最优组合和最佳作业参数，为制定无人机集成使用技术提供数据支撑。据统计，2021年全国在用的植保无人机约12.1万架、总防治面积10.7亿亩次。

二、农药使用调查监测

根据《种植业农药使用调查方法》，组织各地深入开展农户终端用药情况调查，2021年全国各省份用药调查覆盖农户3万余个，11个省实现农户用药县级调查全覆盖。根据各省、地、县植保（农技）机构系统调查监测结果，全国农业技术推广服务中心对三级上报数据进行统计分析，得出2021年种植业各类农药使用总量，以及生物农药基本状况（表5-1、表5-2）。与2020年相比，农药使用总量继续呈下降趋势，但除草剂、植物生长调节剂和生物农药使用量持续增长。据统计，化学农药（商品）使用量前十位的分别是：草甘膦（铵盐、钠盐、钾盐）、乙草胺、草铵膦、莠去津、高效氯氟氰菊酯、高效氯氰菊酯、吡虫啉、辛硫磷、多菌灵、敌敌畏。化学农药（折百）使用量前十位的分别是：草甘膦（铵盐、钠盐、钾盐）、乙草胺、敌敌畏、莠去津、硫酸铜（波尔多液）、多菌灵、甲基硫菌灵、代森类、丁草胺、辛硫磷。

表 5-1　全国种植业农药使用量统计表

年份	2021 年使用量/吨		与 2020 相比增减/%		与近十年（均值）相比增减/%	
	商品量	折百量	商品量	折百量	商品量	折百量
总量	788 035.56	248 341.16	−0.41	0.09	−11.7	−12.73
杀虫（螨）剂	303 209.19	73 584.71	−4.19	−2.51	−22.57	−29.50
杀菌剂	167 829.45	64 836.56	1.02	−0.72	−8.20	−13.81
除草剂	295 586.09	106 017.81	1.76	1.96	0.17	3.26
植物生长调节剂	18 213.66	3 822.46	23.47	16.67	26.29	12.12
杀鼠剂	3 196.80	79.74	−6.34	−5.50	47.67	42.57

注：因分列数据存在四舍五入，所以加和数据与总量略有偏差。

表 5-2　全国种植业生物农药使用量统计表

年份	2021 年使用量/吨		2020 年使用量/吨		2021 年与 2020 年相比增减/%	
	商品量	折百量	商品量	折百量	商品量	折百量
总量	83 648.53	9 632.26	83 476.95	9 251.30	0.21	4.12
生物化学	471.48	32.19	660.72	25.48	−28.64	26.34
植物源	4 378.23	212.65	3 919.73	150.06	11.70	41.71
微生物源	67 175.39	4 957.34	65 447.38	4 978.40	2.64	−0.42
生物活体	11 623.43	4 430.08	13 449.12	4 097.37	−13.57	8.12

注：因分列数据存在四舍五入，所以加和数据与总量略有偏差。

三、病虫草害抗药性监测治理

组织 25 个省份的 100 个抗药性监测点，分别对稻飞虱、二化螟、小麦蚜虫、小麦赤霉病、烟粉虱、稻（麦）田杂草等 7 种一类病虫害、14 种二类病虫害的抗药性进行了监测。本年度系统测定田间常用农药品种 51 个，有关病虫草种类及其涉及的农药品种抗药性评估结果如下。

（一）水稻有害生物的抗药性状况

1. 褐飞虱

目前监测地区褐飞虱种群对第一代新烟碱类药剂吡虫啉处于高水平抗性（抗性倍数

大于 2 000 倍），对烯啶虫胺处于低至中等水平抗性（抗性倍数 5.1～23 倍），对第二代新烟碱类药剂噻虫嗪处于高水平抗性（抗性倍数大于 700 倍），对第三代新烟碱类药剂呋虫胺处于中等至高水平抗性（抗性倍数 47～178 倍）。对砜亚胺类药剂氟啶虫胺腈处于低至中等水平抗性（抗性倍数 6.6～32 倍），对介离子类药剂三氟苯嘧啶处于敏感至中等水平抗性（抗性倍数 2.1～13 倍），其中监测到江苏宿迁褐飞虱种群对三氟苯嘧啶产生中等水平抗性，抗性倍数为 13 倍。与 2020 年监测结果相比，褐飞虱对三氟苯嘧啶抗性呈上升趋势，首次监测到有中等水平抗性种群，但对其他新烟碱类药剂抗性倍数总体变化不大。褐飞虱种群对昆虫生长调节剂类药剂噻嗪酮处于高水平抗性，对有机磷类药剂毒死蜱、吡啶甲亚胺类药剂吡蚜酮等处于中等至高水平抗性，与 2020 年监测结果相比，抗性倍数总体变化不大。

鉴于目前褐飞虱对吡虫啉、噻虫嗪、噻嗪酮均已产生高水平抗性，建议各稻区停止使用吡虫啉、噻虫嗪、噻嗪酮防治褐飞虱；严格限制使用呋虫胺、三氟苯嘧啶、烯啶虫胺、氟啶虫胺腈防治褐飞虱的次数，每季水稻最好只使用 1 次；不提倡单独使用吡蚜酮，要与其他速效性药剂混配使用。在褐飞虱防治过程中，迁出区和迁入区之间，同一地区的上下代之间，应交替、轮换使用不同作用机制、无交互抗性的杀虫剂，避免连续、单一用药，延缓抗药性发展。

2. 白背飞虱

监测地区白背飞虱种群对昆虫生长调节剂类药剂噻嗪酮处于中等至高水平抗性（抗性倍数 49～194 倍），对有机磷类药剂毒死蜱处于中等水平抗性（抗性倍数 17～49 倍），对新烟碱类药剂吡虫啉、噻虫嗪、呋虫胺以及吡啶甲亚胺类药剂吡蚜酮都处于敏感至中等水平抗性（对吡虫啉抗性倍数 1.5～20 倍、对噻虫嗪抗性倍数 1.4～12 倍、对呋虫胺抗性倍数 1.3～20 倍，对吡蚜酮抗性倍数 1.1～27 倍），对烯啶虫胺、氟啶虫胺腈、三氟苯嘧啶处于敏感状态。与 2020 年监测结果相比，白背飞虱对以上药剂抗性倍数总体变化不大。由于白背飞虱和褐飞虱通常混合发生，且目前褐飞虱已对噻嗪酮、吡虫啉、噻虫嗪产生高水平抗性，建议各稻区暂停使用噻嗪酮防治白背飞虱，限制吡虫啉、噻虫嗪使用次数，轮换使用呋虫胺、氟啶虫胺腈、三氟苯嘧啶等药剂，延缓抗药性发展。

3. 灰飞虱

监测地区灰飞虱种群对新烟碱类药剂烯啶虫胺，以及吡啶甲亚胺类药剂吡蚜酮等药剂处于敏感状态，对噻虫嗪处于敏感至低水平抗性（抗性倍数 1.9～5.9 倍），对有机磷类药剂毒死蜱处于中等水平抗性（抗性倍数 15～28 倍）。与 2020 年监测结果相比，灰飞虱对以上药剂抗性倍数总体变化不大。因此在灰飞虱产生抗药性地区，严格限制毒死蜱使用次数，轮换使用烯啶虫胺、吡蚜酮等不同作用机理药剂防治灰飞虱；在水稻生长后期，当灰飞虱与褐飞虱混合发生时，不宜使用噻虫嗪进行防治。

4. 稻纵卷叶螟

监测地区稻纵卷叶螟种群对双酰胺类药剂氯虫苯甲酰胺，及大环内酯类药剂阿维菌素处于敏感至中等水平抗性，抗性倍数分别为 4.5～17 倍、3.2～22 倍，但与 2020 年监测结果相比，稻纵卷叶螟对氯虫苯甲酰胺和阿维菌素的抗性均呈上升趋势，出现对这 2 种药剂中等水平抗性的种群。在稻纵卷叶螟防治过程中，迁出区和迁入区之间或同一地区的上下代之间，应交替、轮换使用多杀霉素、甲氨基阿维菌素苯甲酸盐、茚虫威等不同作用机制、无交互抗性的杀虫剂，限制氯虫苯甲酰胺、阿维菌素使用次数，延缓抗药性发展。

5. 二化螟

浙江东部沿海地区、安徽沿江地区、江西环鄱阳湖地区、湖南中南部地区的二化螟种群对双酰胺类药剂氯虫苯甲酰胺处于高水平抗性（抗性倍数 152～1293 倍）；湖北部分稻区二化螟种群对氯虫苯甲酰胺处于中等至高水平抗性（抗性倍数 24～108 倍）；江苏、四川的二化螟种群对氯虫苯甲酰胺仍处于敏感状态。与 2020 年监测结果相比，二化螟对氯虫苯甲酰胺高水平抗性区域已由浙江、江西、湖南扩展至安徽、湖北。

浙江东部沿海地区、江西环鄱阳湖地区、湖南中南部地区的二化螟种群对大环内酯类药剂阿维菌素处于中等至高水平抗性（抗性倍数 11～173 倍）；江苏、安徽、湖北、四川等地的二化螟种群对阿维菌素处于敏感至低水平抗性（抗性倍数 1～8.1 倍）。

浙江、江西、湖南大部分稻区的二化螟种群对有机磷类药剂三唑磷处于中等至高水平抗性（抗性倍数 13～113 倍），对毒死蜱处于中等水平抗性（抗性倍数 12～35 倍）；安徽、湖北、江苏、四川的二化螟种群对三唑磷、毒死蜱处于敏感至低水平抗性（对三唑磷抗性倍数 1～8.2 倍，对毒死蜱抗性倍数 1～6.4 倍）。与 2020 年监测结果相比，二化螟对有机磷类药剂抗性倍数总体变化不大。

二化螟抗性治理要采取分区治理措施，在高水平抗性地区停止使用氯虫苯甲酰胺、阿维菌素、三唑磷，在中等水平抗性以下地区继续限制氯虫苯甲酰胺、阿维菌素、三唑磷、毒死蜱等药剂使用次数，轮换使用乙基多杀菌素及双酰肼类药剂，避免二化螟连续多个世代接触同一作用机理的药剂。同时，为应对二化螟抗药性问题，在采取低茬收割、深水灭蛹、性诱控杀等非化学防控措施的基础上，改变施药方式，采用秧苗药剂处理技术进行二化螟早期防控，减少大田期施药次数和农药使用量。

6. 稻瘟病菌

对从辽宁、浙江、湖北等省份6个县（市、区）采集的稻瘟病菌菌株进行抗药性检测，发现稻瘟病菌菌株对吡唑醚菌酯、嘧菌酯产生抗性，但抗性频率均小于3%。鉴于稻瘟病菌已对甲氧基丙烯酸酯类药剂产生零星抗性，建议在生产中使用甲氧基丙烯酸酯类药剂防治水稻稻瘟病时，注意与稻瘟灵、三环唑、咪鲜胺等其他不同作用机理的杀菌剂交替、轮换使用，延缓抗药性发展。

7. 水稻恶苗病菌

从辽宁、黑龙江、安徽等6省份9个县（市、区）采集的水稻病样上随机分离纯化共得到281株水稻恶苗病菌菌株。经抗药性检测，发现102株水稻恶苗病菌菌株对氰烯菌酯产生抗性，黑龙江抗性菌株占比最高，抗性频率达93.6%，其中高抗菌株为63%；浙江、安徽抗性菌株占比较高，抗性频率均大于58%，抗性菌株均以高抗为主；辽宁、湖北、云南也发现有较高频率的抗性菌株存在。结果表明，抗氰烯菌酯的水稻恶苗病菌在我国处于发展和蔓延态势，特别是黑龙江、浙江、安徽的部分稻区恶苗病菌种群已对氰烯菌酯产生了高水平抗性。建议在氰烯菌酯抗性严重的稻瘟病发生区暂停使用氰烯菌酯及其复配药剂，在其他地区注意氰烯菌酯与戊唑醇、咪鲜胺等三唑类、琥珀酸脱氢酶抑制剂类或咯菌腈等其他不同作用机理的杀菌剂混配或轮换使用。

8. 稻田杂草

稗草：从辽宁、江苏、湖南等10省份53个县（市、区）的稻田中采集得到188个稗草种群，抗药性检测结果表明：对二氯喹啉酸抗性频率为91.5%，其中78个种群抗性指数大于10倍，占监测总种群41.5%；对五氟磺草胺抗性频率为76.8%，其中47个种群抗性指数大于10倍，占监测总种群25.4%；对氰氟草酯抗性频率为65.4%，其中15个种群抗性指数大于10倍，占监测总种群8.0%；对噁唑酰草胺抗性频率为15.4%，其中从浙江稗草种群样本中检测到1个种群抗性指数大于10倍，占监测总种群0.5%。

千金子：从江苏、浙江、湖南等6省份27个县（市、区）的稻田中采集得到129个千金子种群，经抗药性检测，对氰氟草酯抗性频率为78.3%，其中14个种群抗性指数大于10倍，占监测总种群10.9%；浙江、江苏、湖南高水平抗性比例都超过10%，其中浙江高水平抗性比例最高，为28.6%。与2020年监测结果相比，千金子对氰氟草酯抗性发展较快，抗性频率增加20%以上，抗性风险较大。

稻田杂草防控建议：要立足治早治小、封杀结合的防控策略，突出土壤封闭处理技术应用，减轻后期茎叶处理防控压力。根据抗药性监测结果，当前稻田杂草抗药性呈上升趋势，特别是在长江中下游双季稻、直播稻区，稗草种群对五氟磺草胺、二氯喹啉酸抗性频率较高，鄱阳湖地区稗草种群对氰氟草酯抗性发展较快，江苏、浙江等地区千金子种群对氰氟草酯抗性发展较快，需轮换使用其他不同作用机理的除草剂。

（二）小麦有害生物的抗药性状况

1. 麦蚜

监测地区荻草谷网蚜种群对吡虫啉处于低至中等水平抗性（抗性倍数5.9～67倍），对拟除虫菊酯类药剂高效氯氰菊酯处于敏感至中等水平抗性（抗性倍数1.5～12倍），对氟啶虫胺腈处于敏感至低水平抗性（抗性倍数1～5.4倍），对抗蚜威、啶虫脒处于敏感状态。与2020年监测结果相比，湖北、河南、陕西等省份的荻草谷网蚜种群对吡虫啉的抗性倍数均在67倍以上，达到高水平抗性。

监测地区禾谷缢管蚜种群对氟啶虫胺腈处于敏感至低水平抗性（抗性倍数为1.5～9.3倍），对新烟碱类药剂吡虫啉、啶虫脒，氨基甲酸酯类药剂抗蚜威、拟除虫菊酯类药剂高效氯氰菊酯等均处于敏感状态。与2020年监测结果相比，禾谷缢管蚜对以上药剂抗性倍数总体变化不大。

在麦蚜产生抗药性地区，严格限制使用含有吡虫啉的小麦拌种剂，中等以上抗性地区茎叶喷雾时轮换使用啶虫脒、高效氯氰菊酯、抗蚜威等不同作用机理的药剂，实施镶嵌式分区施药策略。

2. 赤霉病菌

从江苏、安徽、河南、山东等7省份74个县（市、区）采集的稻桩或小麦病穗上随机分离纯化共得到10 319株小麦赤霉病菌菌株，抗药性检测结果为：对多菌灵产生抗性菌株3 501株，其中江苏抗性菌株占比最高，抗性频率为47.0%，安徽菌株抗性频率为13.9%，河南、山东、湖北、河北、山西菌株抗性频率均低于6%；对戊唑醇产生抗性菌株1 542株，江苏、河南、山西、湖北检测到有抗性菌株，抗性频率为3.7%～

41.9%，江苏、河南抗性频率最高，均超过20%；没有检测到对咪鲜胺、氰烯菌酯、丙硫菌唑产生抗性的菌株。

根据抗药性监测结果，在多菌灵抗性严重的江苏、安徽停止使用多菌灵及其复配药剂，轮换使用氰烯菌酯、氟唑菌酰羟胺、丙硫菌唑、戊唑醇等不同作用机理的药剂，严格限制每类药剂的使用次数。在使用三唑类杀菌剂防治小麦赤霉病时，要按照产品农药登记的要求，保证足够的有效成分使用量（戊唑醇每亩有效成分使用量不低于8克），以延缓抗药性发展，减轻毒素污染。

3. 麦田杂草

节节麦：从河北、山东、陕西等6省份24个县（市、区）的麦田中共采集得到85个节节麦种群，经抗药性检测，对甲基二磺隆抗性频率为91.8%，其中有69个种群为低水平抗性，占监测总种群的81.2%，6个山西洪洞种群抗性指数大于10倍，占监测总种群的7.1%。与2020年监测结果相比，节节麦对甲基二磺隆抗性增强，田间抗性风险较大。

雀麦：从河北、河南、陕西等7省份24个县（市、区）的麦田中共采集得到91个雀麦种群，经抗药性检测，对啶磺草胺抗性频率为12.1%，其中山西洪洞、河北无极种群抗性指数大于10倍，占监测总种群2.2%。与2020年监测结果相比，雀麦对啶磺草胺抗性指数总体变化不大。

茵草：从江苏、安徽、湖北7个县（市、区）的麦田中共采集得到40个茵草种群，经抗药性检测，对炔草酯抗性频率为82.5%，其中江苏、湖北有17个种群抗性指数大于10倍，占监测总种群42.5%，江苏、湖北高水平抗性频率都达到50%；对甲基二磺隆抗性频率为52.5%，其中有7个种群抗性指数大于10倍，主要集中在江苏。与2020年监测结果相比，茵草对炔草酯、甲基二磺隆抗性指数总体变化不大。

多花黑麦草：从河南、江苏、山西、湖北11个县（市、区）的麦田中共采集得到39个多花黑麦草种群，经抗药性检测，对炔草酯抗性频率为66.7%，其中河南有14个种群抗性指数大于10倍，占监测总种群35.9%；对甲基二磺隆抗性频率为23.1%，其中有2个河南汝南种群抗性指数大于10倍，占监测总种群5.1%。与2020年监测结果相比，多花黑麦草对炔草酯、甲基二磺隆抗性指数总体变化不大。

防控对策建议：麦田杂草防控要立足冬前化除、封杀结合，减轻春季茎叶处理防控压力。鉴于部分麦区茵草、多花黑麦草对炔草酯、甲基二磺隆抗性频率较高，节节麦对甲基二磺隆抗性频率呈上升趋势，建议在高水平抗性地区停止使用炔草酯、甲基二磺隆，轮换使用其他不同作用机理的药剂；中低水平抗性地区在采用多策略综合防控技术的基础上，可将上述药剂与其他不同作用机理的除草剂进行混配，减轻单一除草剂的选择压力，延缓抗药性发展。

（三）玉米害虫的抗药性状况

草地贪夜蛾

监测地区草地贪夜蛾种群对双酰胺类药剂氯虫苯甲酰胺、四氯虫酰胺处于敏感至低水平抗性（对氯虫苯甲酰胺抗性倍数 1.1～5.7 倍，对四氯虫酰胺抗性倍数 1.7～5.5 倍），其中监测到福建福州种群对氯虫苯甲酰胺、云南昆明种群对四氯虫酰胺产生低水平抗性；对乙基多杀菌素、茚虫威处于敏感至低水平抗性，其中监测到广东广州种群对乙基多杀菌素、茚虫威都处于低水平抗性，抗性倍数分别为 7.7 倍、5.9 倍；对甲氨基阿维菌素苯甲酸盐、虫螨腈处于敏感状态。与 2020 年监测结果相比，草地贪夜蛾对氯虫苯甲酰胺、茚虫威、乙基多杀菌素抗性均呈上升趋势。

防控对策建议：在草地贪夜蛾发生早、密度低的地区，优先使用微生物农药和性诱剂等进行绿色防控，在高发期再使用化学农药。同时，在草地贪夜蛾周年繁殖区、迁飞过渡区、重点防范区实施区域统一的空间轮换用药策略。鉴于氯虫苯甲酰胺、四氯虫酰胺、乙基多杀菌素、茚虫威存在田间抗性进化风险，要严格限制其使用次数，交替、轮换使用其他不同作用机理的杀虫剂。

（四）棉花害虫的抗药性状况

1. 棉铃虫

华北棉区棉铃虫种群对拟除虫菊酯类药剂高效氯氟氰菊酯处于中等水平抗性（抗性倍数 35～72 倍），长江流域棉区棉铃虫种群对高效氯氟氰菊酯处于低至中等水平抗性（抗性倍数 5.4～13 倍）。与 2020 年监测结果相比，华北棉区部分地区棉铃虫对高效氯氟氰菊酯抗性呈下降趋势。

华北棉区棉铃虫种群对有机磷类药剂辛硫磷处于中等水平抗性（抗性倍数 19～41 倍），长江流域棉区棉铃虫种群对辛硫磷处于敏感至低水平抗性（抗性倍数 3.5～5.3 倍）。与 2020 年监测结果相比，棉铃虫对辛硫磷抗性倍数总体变化不大。

华北棉区棉铃虫种群对双酰胺类药剂氯虫苯甲酰胺处于低至中等水平抗性（抗性倍数5.2～59倍），长江流域棉区棉铃虫种群对氯虫苯甲酰胺处于敏感状态。与2020年监测结果相比，棉铃虫对氯虫苯甲酰胺抗性倍数总体变化不大。

华北棉区、长江流域棉区棉铃虫种群对大环内酯类药剂甲氨基阿维菌素苯甲酸盐处于敏感状态。与2020年监测结果相比，棉铃虫对甲氨基阿维菌素苯甲酸盐抗性倍数总体变化不大。

华北棉区棉铃虫种群对茚虫威处于敏感至中等水平抗性（抗性倍数2.2～31倍），长江流域棉区棉铃虫种群对茚虫威处于敏感状态。与2020年监测结果相比，棉铃虫对茚虫威抗性倍数总体变化不大。

防控对策建议：在华北棉区的棉铃虫高水平抗性地区，停止使用拟除虫菊酯类药剂，限制有机磷类、双酰胺类等药剂使用次数（每季棉花生长期使用1次），交替轮换使用甲氨基阿维菌素苯甲酸盐、多杀霉素、茚虫威等不同作用机理的药剂，延缓抗药性发展。

2. 棉蚜

监测地区棉蚜种群对拟除虫菊酯类药剂高效氯氰菊酯、溴氰菊酯，新烟碱类药剂吡虫啉等均处于高水平抗性（对高效氯氰菊酯抗性倍数大于10 000倍、对溴氰菊酯抗性倍数大于4 500倍、对吡虫啉抗性倍数大于1 000倍）；对氨基甲酸酯类药剂丁硫克百威处于中等至高水平抗性（抗性倍数43～275倍）；对氟啶虫胺腈处于中等至高水平抗性（抗性倍数12～140倍），其中新疆库尔勒、河北衡水种群处于高水平抗性，抗性倍数分别为151倍、140倍；对氟啶虫酰胺处于低至高水平抗性（抗性倍数7.2～118倍），其中新疆奎屯种群处于高水平抗性，抗性倍数为118倍。与2020年监测结果相比，棉蚜对氟啶虫酰胺抗性倍数增加2～10倍，对氟啶虫胺腈抗性倍数增加2～6倍。

鉴于棉蚜已成为抗药性严重和难以治理的害虫之一，必须采用抗性综合管理措施，科学使用杀虫剂防治棉蚜，停止使用高效氯氰菊酯、溴氰菊酯、丁硫克百威、吡虫啉等药剂，轮换使用双丙环虫酯、氟啶虫酰胺、氟啶虫胺腈等不同作用机理的药剂或药剂组合防治棉蚜，延缓抗药性发展。

（五）蔬菜害虫的抗药性状况

1. 小菜蛾

监测发现，长三角蔬菜产区小菜蛾种群对双酰胺类药剂氯虫苯甲酰胺处于敏感至高水平抗性（抗性倍数 3～122 倍），其中江苏南京种群抗性倍数最高，为 122 倍；对茚虫威、多杀霉素处于低至中等水平抗性（对茚虫威抗性倍数 7～100 倍、对多杀霉素抗性倍数 10～17 倍）；对虫螨腈处于敏感至中等水平抗性（抗性倍数 3～13 倍）。与 2020 年监测结果相比，小菜蛾对以上药剂抗性倍数总体变化不大。

在农业生产中，强调在小菜蛾低龄幼虫期施药防治，停止使用阿维菌素、高效氯氰菊酯，在长三角蔬菜产区严格控制氯虫苯甲酰胺、虫螨腈、茚虫威、多杀菌素等药剂在小菜蛾防治中的使用次数，每季蔬菜使用次数不超过 1 次，轮换使用乙基多杀菌素、溴虫氟苯双酰胺等不同作用机理的药剂和甘蓝夜蛾核多角体病毒、短尾杆菌等生物制剂。

2. 甜菜夜蛾

监测地区甜菜夜蛾种群对双酰胺类药剂氯虫苯甲酰胺处于中等至高水平抗性（抗性倍数 51～183 倍），对茚虫威、甲氧虫酰肼处于低至中等水平抗性（对茚虫威抗性倍数 7.1～57 倍、对甲氧虫酰肼抗性倍数 7～23 倍），对多杀霉素处于敏感状态。

根据预测预报结果，强调在低龄幼虫期施药防治，继续在高水平抗性地区停止使用氯虫苯甲酰胺，严格控制甲氧虫酰肼、多杀霉素、茚虫威在甜菜夜蛾防治中的使用次数，每季蔬菜使用次数不超过 1 次，注意交替、轮换使用不同作用机理的药剂或药剂组合防治甜菜夜蛾。

3. 烟粉虱

监测地区烟粉虱卵对溴氰虫酰胺、螺虫乙酯处于中等至高水平抗性（对溴氰虫酰胺抗性倍数 11～1 002 倍、对螺虫乙酯抗性倍数 13～225 倍），其中山西运城、山东济南、湖北武汉、湖南长沙种群对螺虫乙酯都处于高水平抗性，抗性倍数都在 150 倍以上；烟粉虱成虫对噻虫嗪处于低至中等水平抗性（抗性倍数 7.5～11 倍）。

鉴于山东、山西、湖北、湖南蔬菜产区烟粉虱种群抗药性水平较高，需注意交替、轮换使用氟吡呋喃酮、氟啶虫胺腈、烯啶虫胺等不同作用机理的药剂或药剂组合防治烟粉虱，延缓抗药性发展。

4. 二斑叶螨

监测地区二斑叶螨种群对阿维菌素、哒螨灵处于高水平抗性（对阿维菌素抗性倍数大于 3 000 倍、对哒螨灵抗性倍数大于 100 倍），对丁氟螨酯处于中等至高水平抗性（抗性倍数 12～753 倍），对腈吡螨酯处于中等水平抗性（抗性倍数 23～57 倍），对联苯肼酯处于低至中等水平抗性（抗性倍数 6.2～21 倍），对乙唑螨腈处于敏感状态。

二斑叶螨用药防控策略中，应停止使用阿维菌素、哒螨灵，注意交替、轮换使用联苯肼酯、腈吡螨酯、乙唑螨腈等不同作用机理的药剂或药剂组合防治二斑叶螨，延缓抗药性发展。

四、农药科学安全使用

（一）安全用药培训

为了贯彻《农作物病虫害防治条例》，农业农村部组织开展“科学认识农药”专题宣传活动，制定“百万农民科学安全用药培训”活动实施方案，以粮食作物和大宗经济作物为主线，组织全国植保系统，联合农药行业协会和近百家农药械企业，线上线下多渠道广泛开展科学安全用药培训。编印下发科学安全用药挂图7万多份，全国共发放宣传资料750万份。2021年组织培训3.8万场，累计培训910余万人次。联合先正达集团、大疆创新科技有限公司等共同开展植保无人机驾驶员安全用药培训1 997场，培训植保无人机飞手2.6万名。

系列培训活动取得显著成效。一是提升了农药科学使用水平。围绕农药使用中存在的突出问题，采取线上线下方式培训农民科学安全用药，提升了科学安全使用农药水平，经问卷调查显示，农民看农药标签用药的达80.0%，其中严格按农药标签用药的达65%。二是解决了一些关键性问题。采取分作物开展主题培训的形式，着力解决经济作物用药量大、北方除草剂使用不当发生药害等一些关键性难题，引导农民遵守农药使用要求，保障农产品质量安全。三是培养了一支高素质队伍。通过开展科学安全用药培训，为基层植保机构和广大农村地区培育了一支“懂农药、会施药、用对药”的高素质队伍，让农民安全科学用药意识进一步提高，让农药减量化行动深入人心。

（二）农药利用率测试

在河南、安徽等省份开展农药利用率田间测试，共测试植保机械11种，累计安排田间测试试验8个；组织全国各省级植保机构开展植保机械调查，调查涵盖300多个县、4万多个农户，为测算小麦、水稻、玉米等三大粮食作物的农药利用率提供了基础数据支撑。据测算，2021年全国三大粮食作物的农药利用率突破41%。

（三）国家救灾储备农药使用

2021年，按照《国家救灾农药储备管理办法（暂行）》，由农业农村部牵头，会同国家供销合作总社，组织开展救灾农药储备管理工作。1月20日，农业农村部印发《关于下达2021—2022年度国家救灾农药储备任务的通知》，向9家承储企业下达储备任务。2月20日，农业农村部种植业管理司下发《关于做好国家救灾农药储备动用投放工作的通知》，对提出储备动用申请、下达储备投放任务、按时投放储备农药等提出明确要求。根据《国家救灾农药储备管理办法（暂行）》规定，9家承储企业依法依规储备农药制剂5 928.42吨、货值4.5亿元。根据对重大病虫害应急防控的需要，累计投放救灾储备农药制剂780.84吨、占储备总量的13.2%，保证了小麦条锈病、赤霉病，水稻“两迁”害虫，以及草地贪夜蛾、蝗虫等重大病虫灾害应急防控的药剂供应。

（四）农药包装废弃物回收处理

2021年，选择黑龙江等4省份的8个经营门店和防治服务组织作为试点，开展包装废弃物产生、回收和去向定点调查，进一步验证包装废弃物的产生比例。开发建设全国农药包装废弃物管理信息系统，实现信息调度的标准化和信息化。委托广东等2省份开展回收处理经费承担机制调研。在广东等地开展农药大包装回收长效机制建设试点，利用专业化防治组织建立“统一大包装农药，统一防治服务，农药企业统一回收处理”的农药包装废弃物回收长效机制，在4万亩示范区通过使用大包装农药，减少包装物2万多个，节省包装成本6 000多元，农药成本每亩降低15元。初步统计，截至11月底，2021年全国产生农药包装废弃物约5.8万吨，回收3.7万吨、处理2.7万吨，比2020年分别提高28.9%、18.9%，回收率稳步提高，达63.8%。

五、病虫害专业化防治服务

为扎实推进《农作物病虫害防治条例》贯彻落实，2021年4月22日农业农村部发布《农作物病虫害专业化防治服务管理办法》（农业农村部第417号公告），进一步加强专业化防治服务组织管理，规范专业化防治服务行为，以提升重大病虫防控能力和防控水平。10月19日，农业农村部召开全国农作物病虫害专业化防治服务推进会，会议全面总结专业化防治服务发展成效，探讨交流推进专业化防治服务的措施，研究部署重点工作。继续组织开展全国农作物病虫害“统防统治百强县”创建活动，遴选出一批“统防统治百强县”，并通过表彰、授牌、宣传活动，树立标杆、扩大影响。2021 年，专业防治服务规章更健全、管理更规范、队伍在发展、效益有提高，在打赢“虫口夺粮”攻坚战中发挥突出作用。

（一）发展状况

在国家相关政策的激励和重大项目的支持下，各地农业农村部门植保机构加强对病虫害防治服务组织的指导和引导，大力推进病虫害统防统治工作，促进了防治服务能力的快速提高。据统计，2021 年全国专业化服务组织数量 92 893 个，在农业部门备案的“五有”规范组织达到 43 684 个，从业人员 122.3 万人，拥有大中型药械 68.5 万台，日作业能力达到 1.2 亿亩。三大粮食作物实施专业化统防统治面积达到 17.31 亿亩次，专业化统防统治覆盖率达到 42.4%，比上年提高 0.5 个百分点。

（二）取得的成效

据各地调查测算，专业化统防统治可提高防效 5～10 个百分点，每季可减少防治 1～2 次，降低化学农药使用量 20%以上。江苏扬州多点调查显示，通过开展专业化统防统治，水稻病虫防治减少用药 2 次左右，亩用药成本降低约 45 元。湖南省专业化统防统治与绿色防控集成示范表明，防治效果提高 30%，化学农药使用量减少 30%，亩均节支 80 多元。安徽省调查表明，统防统治区蜘蛛等有益生物数量比农民自防田增加 4 倍以上，有效改善了农田生态环境，促进了农业可持续发展。湖南省统计，实施专业化统防统治，早、晚稻两季比农民自防亩均减损保产 200 斤以上，一季稻 150 斤以上；河南省统计，与农民自防相比，小麦亩均减损保产效果达 60 斤以上。四川省三台县刘营镇农民白明华介绍：“今年加入了合作社，水稻每亩收了 1 300 多斤，差不多比往年增加 100 斤”；重庆市万州区余家镇农技站谢运华站长介绍：“统防不统防产量不一样，3 个统防统治区与农民自防相比，水稻单产分别增加 130 斤、150 斤和 120 斤”。河南省农业农村厅邀请省内外十余名权威专家对豫南小麦“两病”常发、重发区的统防统治效果进行实地调查评估，结果表明，统防统治田赤霉病平均预防效果为 89.25%，条锈病平均防治效果为 95.86%，分别比农民自防田提高 8.34、27.5 个百分点。

（三）主要推进措施

1. 强化组织领导

各地各级政府对病虫害专业化统防统治工作极为重视，各市及各县区成立了农作物重大病虫害防控领导小组，精心组织，制定农作物病虫害专业化防治实施方案，科学及时开展专业化统防统治工作。山东省委、省政府出台的多个相关规划、行动、方案等都对统防统治工作提出明确任务目标和指标，全省各级农业农村部门认真贯彻落实《农作物病虫害专业化防治服务管理办法》实施，通过培训班、政府网站、公众号等多渠道多方式强化宣贯，切实加强各专业化服务组织的管理、指导，规范其服务行为，提升植保社会化服务能力，健全服务体系，引领统防统治健康发展。河南省各级政府严格落实属地责任，加强组织领导，将重大病虫害防控工作摆上重要议事日程，省政府在 3 月印发了内部明电《关于加强小麦条锈病赤霉病倒春寒危害防控工作的通知》，召开全省小麦重大病虫防治电视电话会议，要求各地加大资金投入，整合其他涉农资金，通过政府购买植保社会化服务、对统防统治服务进行补贴等有效方式，全力推进统防统治；省农业农村厅先后印发条锈病、赤霉病防控预案、“虫口夺粮”保丰收行动方案，都将“推进统防统治”列为主要工作内容。

2. 加大资金支持

江苏省从 2013 年开始，每年安排 3 500 万元用于水稻病虫统防统治用工补贴；从 2019 年开始，创新扶持方式，每年对省级“五有五好”服务组织以 5 万元标准进行补贴。安徽省统筹农业生产救灾资金等项目资金，扶持开展专业化统防统治工作，针对小麦赤霉病严峻防控形势，在小麦主产区财政非常紧张的情况下，市、县两级共统筹财政资金 5.88 亿元，加上中央农业生产和水利救灾资金（病虫害防治专项）0.5 亿元，省政府安排省级财政赤霉病防控补助资金 1.5 亿元，全省小麦赤霉病防控财政资金达 7.88 亿元，比财政投入力度最大的 2020 年高 1.6 亿元，确保了防控工作顺利展开。河南省财政拿出 1 亿元农业生产发展资金，支持豫南 45 个县开展小麦条锈病、赤霉病统防统治；市、县财政投入 5.08 亿元用于重大病虫害防控；洪涝灾害后，省财政从中央财政农业生产救灾资金中拿出 1 亿元，其中 9 813 万元用于受灾作物药肥管理，187 万元用于改种玉米的草地贪夜蛾防控。各地充分利用上述资金，采取政府购买防治服务、发放防治补贴等方式，全力推进统防统治。

3. 注重项目推动

广东省建立农作物病虫害专业化统防统治示范区，强化示范引导作用，在潮阳等17个粮食主产县（市、区）建设水稻病虫害专业化统防统治核心示范区，示范面积112万亩次，通过示范辐射，引导农户积极参与；在江门市全域及珠海斗门区全区推进水稻病虫害专业化统防统治示范，在南雄、兴宁、怀集和罗定等地创建水稻病虫全程统防统治示范镇；在台山、阳春、高州、化州、五华、揭西等地引入全程社会化托管服务，通过社会化托管服务推动病虫害统防统治发展。山东省实施农业病虫害专业化统防统治示范能力建设项目，省财政累计投入专项资金1.63亿元，扶持700余个服务组织配备新型高效机械1.4万台（套），极大提高了服务组织装备水平；结合实施玉米“一防双减”、花生“一控双增”和小麦“一喷三防”，项目累计投入专项资金5亿元，重点扶持专业化组织开展重大病虫统防统治作业；实施农机购置补贴政策，累计补贴购置高效植保设备3万余台（套）。

4. 抓好示范带动

江西省通过开展专业化统防统治和绿色防控融合示范，因地制宜应用植保无人机等新型高效植保机械实行全程专业化统防统治服务；农业植保部门以公益性统防统治、重大病虫应急防控为突破口，组织现场观摩，引导农业生产者参与病虫害统防统治，并请优秀专业防治组织现场演示、介绍经验、现身说法，发挥典型引路示范作用。湖南省自2016年开始，通过示范创建标准化区域服务站，推进统防统治落地见效，全省将农作物病虫害专业化统防统治标准化区域服务站建设作为统防统治工作的重要抓手，通过形式上建站，搭建服务平台，树立植保形象；通过内容上建站，延伸服务，增加服务组织盈利点；通过规范化建站，提升服务水平，提高服务对象认知度。湖南省在2021年新建100个专业化统防统治标准化区域服务站，累计建成1 106个区域服务站；每个站给予2万元补贴，累计补贴2 212万元。

5. 做好服务引导

山东省建立了“专业化统防统治信息管理”平台，全省800余个服务组织在系统注册备案并填报相关信息。通过各级植保部门培训、指导，全省有136个服务组织先后被认定为全国“星级服务组织”，22个县（市、区）获得全国农作物病虫害“统防统治百强县”称号，两项活动的开展为各地统防统治的发展注入了新的动力，激发了前进的热情。抓实技术培训，在“新型农民培训项目”支持下，开展了统防统治专题培训班，全省 500 个统防统治组织的负责人和技术人员共 1 000 人参加了培训。据统计，全省每年举办统防统治等各类培训近千场次，培训专业化防治组织负责人、机防手等上万余人（次），对推动统防统治组织的健康良性发展发挥了积极作用。江西省积极组织各地通过现场培训、手机软件、微信公众号等开展培训，宣传新出台的专业化防治服务管理办法和安全科学用药技术，并通过江西卫视宣传各地做法与成效，提高农户科学防控水平和参与统防统治的积极性。全省已组织安全科学用药技术、水稻减药控害提质增产新技术培训班 350 余场，培训种粮大户和普通农户近 3 万人次。河南省各级植保机构通过培训班、现场观摩、网络、电视等方式进行宣传，展示统防统治的优势与成效，引导小农户自觉参与到统防统治中，并向社会推介优秀服务组织，宣传好经验、好措施、好典型，为全省专业化服务组织整体水平的提高起到示范引领作用。

第六章 植保体系建设与国际交流合作

一、植保植检法律贯彻落实

（一）《农作物病虫害监测与预报管理办法》发布

将制定配套部门规章《农作物病虫害监测与预报管理办法》（以下简称《办法》），作为贯彻落实《农作物病虫害防治条例》的重要抓手。2021年，在前期工作的基础上，历经合规性审查、立法调研、农业农村部和司法部两部门面向社会公开征求意见、形成草案、行文审批、提交部常务会审议等流程，12月24日农业农村部部长唐仁健签发中华人民共和国农业农村部2021年第6号部令，正式公布实施。《办法》深入阐释“国家建立农作物病虫害监测制度”内涵，结构化明晰监测预报公益性职能权责体系，系统构建织牢织密测报基础网络的顶层设计，详细规定了监测调查方法、信息报送制度、趋势会商制度、预报发布主体和效果要求等可操作细则，明确规定了相关社会组织和个人的行为准则，为形成全国一盘棋统筹、落实属地责任制和社会多方有序参与的工作氛围提供了制度保障。《办法》的发布与实施，使测报常规工作流程上升为法定制度安排，在促进测报体系建设和事业发展方面具有守正创新、继往开来的里程碑意义。

（二）《农作物病虫害专业化统防统治管理办法》发布

为加强农作物病虫害专业化防治服务组织管理，规范农作物病虫害专业化防治服务行为，提升植保社会化服务能力，健全农作物病虫害防治体系，根据《中华人民共和国生物安全法》《农作物病虫害防治条例》《农药管理条例》等相关法律法规，农业农村部组织开展《农作物病虫害专业化防治服务管理办法》制定工作。在农业农村部法规司的指导下，种植业管理司会同全国农业技术推广服务中心对 2011 年 6 月 17 日发布的《农作物病虫害专业化统防统治管理办法》进行修改完善，经过多轮专家研讨和论证，以及面向各省级农业农村厅和农业农村部相关司局公开征求意见，形成《农作物病虫害专业化防治服务管理办法（征求意见稿）》。经农业农村部常务会审议，2021 年 4 月 22 日中华人民共和国农业农村部第 417 号公告正式发布《农作物病虫害专业化防治服务管理办法》（以下简称《办法》）。《办法》阐释了农作物病虫害专业化防治服务的定义，明确了县级以上农业农村主管部门及其所属的植保工作机构作为执行主体，负责专业化防治服务的监督管理工作，县级以上农业农村主管部门通过政府购买服务、资金补助、物资扶持等方式组织开展专业化防治服务。《办法》明确规定专业化防治服务组织应当具备的条件，为了落实管理和服务责任，要求专业化防治服务组织要向服务对象所在地县级人民政府农业农村部门所属植物保护工作机构报备，县级人民政府农业农村主管部门所属植物保护工作机构应当对报备的专业化防治组织建档立卡、动态管理，掌握所在地专业化防治服务组织基本情况和年度开展服务情况，并组织开展相应的技术培训和择优扶持。《办法》明确规定专业化防治服务组织规范作业、安全作业、航空作业，以及安全储运农药、妥善处理农药包装废弃物的具体要求。《办法》明确了对防治服务的监督检查要求，要求向社会推介服务规范、信誉良好的专业化防治服务组织，并给予扶持。《办法》的发布旨在通过赋予各级植保机构相应管理服务职能，将专业化防治服务组织作为农作物病虫害防治体系的中坚力量发展壮大，加强专业化防治服务组织管理，规范专业化防治服务行为，对提升重大病虫防控能力和防控水平，保障农业生产安全、农产品质量安全和农业生态环境安全意义重大。

（三）全国各省二类农作物病虫害名录体系构建

按照《农作物病虫害防治条例》中“分类管理、属地负责”的要求，继 2020 年 9 月 15 日农业农村部公布一类农作物病虫害名录以来，全国 32 个省级农业农村主管部门（包含新疆生产建设兵团）均公布了各自的二类农作物病虫害名录。据统计，二类农作物病虫害名录中包括害虫、害螨、病原微生物、杂草、害鼠共计 208 种，其中虫害（害虫和害螨）112 种、病害（病原微生物）63 种、杂草 23 种（属）、害鼠 10 种，含检疫性有害生物 25 种（12 种属于全国农业植物检疫性有害生物、13 种属于中华人民共和国进境植物检疫性有害生物）；为害作物涉及粮食作物（水稻、小麦、青稞、玉米、马铃薯、甘薯、谷子)、棉花、油料作物(大豆、油菜、花生、向日葵)、蔬菜(十字花科、茄科、葫芦科)、水果(苹果、桃、梨、李、葡萄、柑橘、香蕉、芒果、荔枝)、茶树、桑树、糖料作物(甘蔗)共计 8 大类 27 种农作物。分析认为,我国二类农作物病虫害名录涵盖种类多,且发生面积大、危害损失重、呈区域性聚集分布,基本反映了各区域农作物病虫害防控的经济重要性和实践需求。

二、植保体系现状分析与建设对策

植物保护体系(以下简称植保体系)是重要的农业防灾减灾体系,也是种植业领域应对生物安全风险的专业体系,对保障国家粮食安全、农产品质量安全和生态环境安全作用重大。2021 年 9 月 29 日,习近平总书记在中央政治局第三十三次集体学习时强调,要加强生物安全风险防控和治理体系建设,强化系统治理和全链条防控,提高国家生物安全治理能力。农业农村部认真贯彻落实习近平总书记重要指示精神和中央决策部署,在全面摸底调查、组派 8 个调研组分赴 16 个重点省份实地调研基础上,系统梳理了植保体系发展历史与现状,深入分析当前存在的问题,研究提出加强体系建设的对策建议。

(一)植保体系发展历史与现状

党中央、国务院历来重视植物保护工作。自新中国成立以来,逐步加强了植保体系建设。1950 年农业部设置病虫害防治司,1954 年更名为全国植物保护局,20 世纪 50—60 年代在全国分设病虫防治站、检疫站、测报站、生防站等 408 个植保机构。1978 年增设“一站两所”(农作物病虫测报总站、植物检疫试验所、农药检定所)。1982 年全国植物保护局和农作物病虫测报总站合并组建全国植物保护总站。1995 年撤销全国植物保护总站,职能和人员并入全国农业技术推广服务中心,致使我国植保机构由与国际接轨变为与国际脱轨,对基层植保机构产生较大影响。20 世纪 80 年代中期至 90 年代中期,各省自上而下都建立了相对独立的植保机构,形成了由国家、省、市、县四级植保专业机构和乡镇农技站植保专业人员组成的植物保护工作体系。20 世纪 90 年代后期以来,受多次机构改革影响,植保体系削弱严重。据全国植保体系摸底调查,全国现有植保机构 1 026 个,县级以上植保机构总人数 1.56 万人、专业技术人员 1.17 万人,其中省级专业植保机构 21 个(含 2 个单列的检疫站),地市级专业植保机构 150 个,县级专业植保机构855个，与1995年相比，均减少40%以上（表6-1）。

表6-1 植保机构及其人员统计表

级别	机构数量/个		人员总数量/个		专业技术人员数量/个	
	2021年	1995年	2021年	1995年	2021年	1995年
全国	1 026	2 282	15 635	27 800	11 701	20 148
省	21	40	915	1 163	674	885
地市	150	313	2 244	2 892	1 765	2 249
县	855	1 929	12 476	23 745	9 262	17 014

多年来，各级农业部门和植保机构坚持“预防为主、综合防治”的植保方针，贯彻“公共植保、绿色植保”的理念，在控制蝗虫、棉铃虫、小麦条锈病等重大病虫危害、保障国家粮食安全和农业生产稳定发展发挥了重要作用。但近年来，随着全球气候变化、栽培制度演变、贸易物流频繁等多种因素叠加，境外生物入侵威胁和境内重大病虫疫情多发重发交织并存，现有植保体系难以适应形势更加严峻、任务更加艰巨的重大病虫疫情防控需求，更不符合国家生物安全风险防控和治理能力、治理体系现代化要求。

（二）现阶段植保体系面临的突出问题

据全国植保体系摸底调查和对16个省份的专题调研，现在主要存在体系削弱、人员不足、年龄老化、经费缺乏、设施陈旧等问题，这些短板和弱项既不能满足新形势下植保防灾减灾的要求，也难以有效防范种植业领域生物安全风险。

（1）体系弱化：专业机构大幅削减，基层网络“网眼过大、网结不牢”。调研表明，近两年植保机构严重弱化，主要表现在：一是专业机构数量减少。据统计，近两年30%以上植保机构被撤并，目前全国31个省份有19个设立专门的植保机构，占61.3%；324个地市有150个专门的植保机构，占46.3%；2 519个县有855个设立专门的植保机构，占33.9%。二是职能肢解严重。64.3%的省、市、县植保职能被分解在不同机构中，这些机构名称五花八门，比如绿色农业技术中心、农业发展服务中心、乡村振兴发展中心等。特别是成立农业综合执法队伍对植保体系冲击较大，植保植检职能被分解，工作延续性被打断。三是乡镇基础缺失。对30 911个农业乡镇调查统计，结果显示所有乡镇均没有设立专门的植保机构，大部分乡镇的植保工作由农技推广机构承担，其中4 091个乡镇没有设立农技推广机构，占13.2%。目前平均每个乡镇名义上有1～3名专业人员，但基层工作头绪多，一人往往承担多项任务，难以做到专人专岗。此外，全国仅聘用5 226名村级植保员，植保技术“最后一公里”落实落地难。

（2）人员不足：专业人员数量减少，“老当”难“益壮”。一是人员递减。据统计，目前全国省、市、县三级植保专业技术人员共1.17万人，比20世纪90年代中期减少41.9%，比2010年减少19.8%，比2015年减少16.8%，许多县市由原来的5～10人减少到1～2人。“有编无人”“有人无编”“在编不在岗”现象较为突出，每个县级植保人员需承担近20万亩病虫害监测和防控指导任务。二是年龄老化。据统计，全国县级植保专业技术人员年龄在51岁以上的占37.4%，比2015和2010年分别提高14%和23.4%，35至50岁的占48.0%，35岁以下的占14.6%。有些县近20年没有进过新人，人员老化严重，接受新知识、应用新技术能力明显不足。三是进人困难。基层面临“无岗招人、无钱养人、无利留人”的尴尬局面，植保专业队伍老化断层、青黄不接现象较为普遍。

（3）经费缺乏：工作经费无保障，勉强“养兵”、难以“打仗”。病虫害发生趋重、植保工作量增加、工作质量要求趋严与工作经费短缺的矛盾日益突出。在基本运行经费方面，各级普遍存在植保工作经费不足的问题。据统计，全国省、市、县财政经费仅3.55亿元，距实际需求的6.40亿元有44.5%的缺口。其中，县级工作经费总金额仅2.23亿元，与实际需要有47.9%的缺口，更无力开展新技术试验示范和农民技术培训等工作。在防控专项经费方面，各级财政大多没有设立病虫防控专项，普遍实行“一事一议”疲于应急的经费申请模式，且经费到位慢、不稳定，与病虫疫情防控“早发现、早预警、早防治”的应急处置和“生物防治、绿色防控”的可持续治理需求不符。以上这种勉强“养兵”难以“打仗”局面，不能满足病虫监测防控工作实际需要，更不适应加强生物安全风险防范、治理体系和治理能力现代化要求。

（4）设备老化：工作手段落后，“智能”尚未替代“目测”。一是监测设施设备缺乏。调研表明，监测设施短缺、陈旧问题较为突出。二是智能化设备不足。“十三五”期间，国家实施《全国动植物保护能力提升工程建设规划》项目，目前仅在25个省443个县建设了1 624个监测点，配备了一定数量的自动化、智能化设备，其他多数县区智能化设施设备几乎空白，距规划目标“聚点成网”“互联网+”的总体目标差距巨大。三是智能化程度不高。监测调查仍以专业人员“眼观手查”和经验判断为主，劳动强度大、费工费时、时效性差、准确性低，有“物”不互联、机器难替人。

（三）加强植保体系建设的对策建议

为有效防控农作物重大病虫疫情，科学应对种植业领域生物安全风险，要认真落实《中华人民共和国生物安全法》《农作物病虫害防治条例》，对植保机构和体系建设进行明确规定，健全农作物病虫害防控体系，加强植物保护体系建设顶层设计，各地要压实属地责任，统筹调整基层农业农村部门工作力量，优化存量、补充增量，配齐配强专业人员，全链条做好植物疫情防控各项工作。

（1）健全专业机构，织牢织密监测预警网络。依据病虫疫情全链条防控的特点，进一步明晰植保机构的职责，整合病虫疫情监测、植物检疫、病虫防控、农药安全使用等职能，健全植保专业机构，构建国家—省—市—县四级植保体系。特别是按照全覆盖原则，加强基层植保网络体系建设，在主要农业县的农业农村部门设立专门的植物保护机构。同时，每3～5个乡镇综合建设农作物病虫害防控区域站，承担区域植物疫情监测、防控防疫指导、检验检疫监管等任务。农业乡镇应当设立专门机构，从根本上扭转我国植保体系弱化、工作碎片化问题。

（2）配齐专业人员，守牢病虫防控哨点阵地。专业人员是病虫疫情防控和生物安全风险防范这一专业性工作的基础保障，基层是生物安全风险监测的哨点和防控处置的前沿阵地。应制定稳定充实基层技术人员的政策措施，畅通专业技术人员晋升渠道，足额配备专业技术人员。县级植保机构按照5万～10万亩耕地1名的原则配备（不足5人的应至少配到5人），粮食主产区、重要农产品优势产区和边境边疆地区适当增加专业技术人员数量；跨乡镇综合建设的农作物病虫害防控区域站，每站配备2～3名专业人员；乡镇应根据植物疫情监测防控指导实际需要，配足专业人员；村级按照“一村一员”原则，通过政府购买服务等方式配备专职或兼职植保员，打通植保技术落实落地“最后一公里”淤点堵点，确保病虫疫情防控和生物安全风险防范“事有人管、责有人负、活有人干”。

（3）给足工作经费，保障有兵能打仗。必要的经费是病虫疫情防控和生物安全风险防范的保障。《中华人民共和国生物安全法》规定地方各级人民政府对本行政区域内生物安全工作负责，《农作物病虫害防治条例》规定各级政府应将病虫害防治经费纳入本级财政预算。针对基层普遍存在的“勉强养兵难以打仗”问题，各级政府应加大财政支持力度，保障病虫监测预警、防控指导、试验示范、技术培训等工作正常开展。特别是国家、省级应设立农作物重大病虫疫情防控专项，支持一类、二类农作物病虫疫情监测和防控指导，组织开展植保专业知识技能培训，更新基层专业人员知识结构，提高专业素养和能力水平，确保“兵强、马壮、能打仗”。

（4）补齐设施设备，提高智能化、信息化能力。先进的设施设备是治理体系和治理能力现代化的必备条件。要加大《全国动植物保护能力提升工程建设规划》的实施力度，加快补齐植保基础设施短板，在病虫害发生源头区、迁飞过渡区、重发区和粮食主产区，按照丘陵山区5万亩1个、平原区10万亩1个的标准加密布设病虫疫情监测站点，配备自动化、智能化设施设备，形成“空天地”一体化监测网络，提高病虫疫情和生物安全风险自动感知能力。充分利用现代信息手段，建设全国农作物病虫监测预警和防控指挥信息系统，实现国家、省、市、县、点病虫信息互联互通，提升实时监测、持续追踪和早期预警能力。制定激励政策，鼓励科研单位、企业以及其他社会资源加强自动化、智能化监测检验设施设备研发，解决自动识别和快速感知“卡脖子”技术，提高病虫疫情和种植业领域生物安全风险末端发现能力。

三、植保植检标准制修订

（一）草地贪夜蛾测报技术规范

标准号：NY/T 3866—2021

发布单位：中华人民共和国农业农村部

发布时间：2021-5-7　　　　实施时间：2021-11-1

主要内容：本标准规定了草地贪夜蛾周年繁殖区、迁飞过渡区、重点防范区、发生代次、发生面积、发生期等的定义，以及玉米和小麦田发生程度5级分级指标；规定了灯诱和性诱工具田间设置方法、田间系统调查方法和大田普查方法；规定了发生期预测的期距法、有效积温法、卵巢发育分级预测法，发生程度预测的有效基数预测法和综合预测法，以及数据报送内容、报送时间和年度总结等。

（二）豇豆主要病虫害绿色防控技术规程

标准号：NY/T 4023—2021

发布单位：中华人民共和国农业农村部

发布时间：2021-12-15　　　　实施时间：2022-6-1

主要内容：本标准规定了豇豆主要病虫害绿色防控的术语和定义、防治原则及绿色防控技术、施药防护、安全生产管理档案等内容。绿色防控技术主要包括农业防治、生物防治、理化诱控和科学用药等技术措施，规定了豇豆病虫害防治应按农药标签控制用药剂量和用药次数，严格遵守安全间隔期，轮换使用不同作用机制的农药，不能使用国家禁限用农药。

（三）韭菜主要病虫害绿色防控技术规程

标准号：NY/T 4024—2021

发布单位：中华人民共和国农业农村部

发布时间：2021-12-15　　　　实施时间：2022-6-1

主要内容：本标准规定了韭菜主要病虫害绿色防控的术语和定义、防治原则及防控技术等内容。绿色防控技术主要包括农业防治、生物防治、理化诱控和科学用药等技术措施。本标准适用于保护地和露地韭菜病虫害的绿色防控。

（四）芹菜主要病虫害绿色防控技术规程

标准号：NY/T 4025—2021

发布单位：中华人民共和国农业农村部

发布时间：2021-12-15　　　　实施时间：2022-6-1

主要内容：本标准规定了芹菜主要病虫害绿色防控的术语和定义、防治原则及绿色防控技术、施药防护、建立安全生产管理档案等内容。绿色防控技术主要包括农业防治、生物防治、理化诱控和科学用药等技术措施。本标准适用于保护地和露地芹菜主要病虫害的绿色防控。

（五）稻水象甲防治技术规范

标准号：NY/T 796—2021

发布单位：中华人民共和国农业农村部

发布时间：2021-5-7　　　　实施时间：2021-11-1

主要内容：本标准代替稻水象甲防治技术规范（NY/T 796—2004），修订后的《稻水象甲防治技术规范》，是从稻水象甲综合防治的角度出发，从防治策略、防治范围、防治指标、防治方法和效果评估进行规范。所采用技术经过全国大部分省区防治实践证明成熟可行、防治效果良好。主要的技术修订包括：在规范性引用文件引用了6个国家标准和行业标准，将总则修订为防治策略，增加了物理防治和生物防治等综合防治技术；修订了防治指标，突出稻水象甲作为全国农业植物检疫性有害生物的特殊性；修订了农业防治技术中不适合当前生产实际的技术，增加了实用性强的技术内容，更新了化学防治药剂品种。

（六）黄瓜绿斑驳花叶病毒检疫检测与鉴定方法

标准号：NY/T 2288—2021

发布单位：中华人民共和国农业农村部

发布时间：2021-5-7　　　　实施时间：2021-11-1

主要内容：本标准代替黄瓜绿斑驳花叶病毒检疫检测与鉴定方法（NY/T 2288—2012）。主要的技术修订包括：逆转录聚合酶链式反应检测法反应体系运用的引物修改为更为灵敏的CGMMV-654F/CGMMV-654R引物序列；修订了结果判定逻辑顺序，调整为典型症状初步判断，快速检测高度疑似，酶联免疫吸附测定法和逆转录聚合酶链式反应检测法最终判定；修订了样品取样量的规定，区分了果实和叶片的取样量。本标准属基础性标准，是在符合GB/T 1.1—2020《标准化工作导则　第1部分：标准化文件的结构和起草规则》等标准的基础上，结合国内实际情况起草编制的，修订后的版本更加灵敏准确，符合目前检疫检测应用实际。

四、植保国际交流与合作

（一）开展《国际植物保护公约》履约活动

参加《国际植物保护公约》主席团会议，参与国际植物检疫措施委员会会议安排、国际植物健康日、公约秘书处管理、公约资金筹措等重要议题。系统开展国际植物检疫措施标准评议工作，组织农业、海关和科研院校专家对《ISPM4：建立非疫区的要求》（修订）等国际植物检疫措施标准、《国家报告义务小组职权范围》等实施和能力发展文件、《重组有害生物风险分析标准》等标准整合规范说明和《减少与限定物和非限定物相关的污染有害生物发生率，保护植物资源和促进安全贸易》等植检委建议等24个文件研提意见。派员参加2021年国际植物检疫措施标准亚太区域研讨会，与亚洲国家沟通交流评议意见，部分意见得到亚太区域国家认可，并吸纳相应意见到我国国家评议意见中。参加国际植物检疫措施委员会第十五届会议，会议通过了第44号国际植检措施标准（气调处理用作植物检疫措施的要求）和第45号国际植物检疫措施标准（国家植保机构如授权实体执行植检行动时的要求）以及第5号、第8号国际植检措施标准的修订，我国很多评议意见得到采纳。

经联合国批准，2020年为国际植物健康年，但受全球新冠肺炎疫情影响，联合国粮农组织决定将宣传活动延续至2021年。为响应联合国号召，按照国际植物健康年整体活动计划，农业农村部通过电视、网络、纸媒多种媒介，借助抖音、快手、微信公众号等新媒体，开展线上线下宣传培训活动，宣讲植物检疫重要性。

（二）实施国际植保公约秘书处南南合作项目

2014年，中国政府宣布向粮农组织捐献5 000万美元用于支持粮农组织—中国南南合作规划（以下简称南南合作规划）。2017年2月24日南南合作规划第六次年度磋商会议上，批准在南南合作规划下设立《联合国粮农组织和中国南南合作规划下，提升国际植物保护公约发展中国家缔约方履行公约及其制定的国际植物检疫措施标准能力项目》（以下简称公约中国项目），资助金额200万美元，项目执行期5年（2017—2021年），受全球新冠肺炎疫情影响，项目延期至2023年。该项目由IPPC（国际植物保护公约）秘书处负责实施，中方合作单位包括全国农业技术推广服务中心、国际交流中心等相关部门。2021年开展的主要工作有以下3个方面：

1. 组织开展斯里兰卡植物检疫技术试验示范

斯里兰卡被选为植物检疫技术试验示范国家，其优势芒果急需出口至中国，但实蝇类昆虫发生危害状况不明确，没有切实可行的监测防控、检疫处理技术。2019年2月，IPPC秘书处与斯里兰卡农业部签署谅解备忘录，三年内帮助斯里兰卡国家植保组织提升植物检疫能力，包括：开展植物检疫能力评估，以指导国家植保组织制定国家植物检疫战略；修订斯里兰卡的植物检疫法规；中国协助开展针对实蝇的监测、鉴定、识别，以及加热和辐射处理有关的植物检疫技术培训课程；选取试验示范基地，摸索试验中国实蝇监测防控技术。2021年，遴选由中国农业大学李志红教授为组长的团队专家和企业通过视频连线的方式，协助斯里兰卡开展针对实蝇的监测、鉴定、识别，以及加热和辐射处理有关的植物检疫技术培训课程。

2. 组织开展柬埔寨植物检疫技术试验示范

柬埔寨被选为植物检疫技术试验示范国家，其香蕉产业在蓬勃发展的同时，香蕉镰刀菌枯萎病菌 4 号小种的“达摩克利斯之剑”常悬头顶。2019 年 11 月，IPPC 秘书处与柬埔寨农林渔业部签署谅解备忘录，制定 2019—2021 的三年工作计划，包括：协助柬埔寨开展植物检疫能力评估；针对香蕉镰刀菌枯萎病菌 1 号小种和 4 号小种，组织开展识别鉴定、检疫处理技术培训；选取试验示范基地，摸索试验中国成熟先进的针对香蕉镰刀菌枯萎病菌 1 号小种和 4 号小种的监测防控技术。2021 年，遴选以中国热带农业科学院环境与植物保护研究所的易克贤研究员为组长的团队专家与企业视频连线的方式，协助柬埔寨开展针对香蕉镰刀菌枯萎病菌 1 号小种和 4 号小种的识别鉴定、检疫处理技术培训课程。

3. 举办发展中国家植物检疫线上能力建设培训班

2021 年 10 月 25 日至 29 日，按照项目计划要求，举办“中国-FAO 南南合作框架下 IPPC 植物检疫线上能力建设活动（一期）”培训班，培训来自泰国、柬埔寨、越南等 20 多个国家（地区）的 50 多名学员，宣传中国植保植检工作经验。该研讨会是在联合国粮农组织植物生产及保护司（NSP）、南南合作和三方合作司（PST）、中国农业农村部（MARA）国际合作服务中心的支持下举办的。研讨会期间，就 IPPC——中国项目、中国农业发展和前景、中国植物检疫和植物保护发表了演讲。此外，还分享了中国国内植物检疫和国境植物检疫的关键技术，以及对中国农业技术推广体系的展望。研讨会还展示了我国植物检疫和植物保护的新产品及新技术。其中包括数字化农业生产体系、航空植保和植物生长调节剂的应用、信息化学和绿色农业，以及病虫害监测预警和绿色生物防治系统的应用。

（三）实施“中国 PFOS* 优先行业削减与淘汰项目”红火蚁防控子项目

2021 年，全国农业技术推广服务中心组织实施“中国 PFOS 优先行业削减与淘汰

* PFOS 为全氟辛基磺酸及其盐类和全氟辛基磺酰氟。——编者注

项目”红火蚁防控子项目。2021 年在广东、福建、广西、海南、贵州、江西、云南建立 10 个红火蚁综合防控示范区，示范面积在 5 900 亩以上，各示范区活蚁巢和工蚁防控效果均在 90%以上。维护更新“中国 PFOS 优先行业削减与淘汰项目”红火蚁防控子项目网站，保障网站正常运行，并组织有关专家完善出版图书《红火蚁防控知识问答》。2021 年开展全国红火蚁防控联动宣传活动，开展全国红火蚁春秋季防控宣传活动 2 次，开展省级宣传培训活动 23 次，在省部级媒体发布宣传文章 69 篇，以红火蚁防控领域女性为主要报道对象，完成相关人物故事报道 6 篇。全年完成针对省、市、县级植物检疫机构技术人员的一级培训 15 期，培训人员 1 173 人。广东、福建、广西、海南、贵州、江西、云南 7 个项目省份总计开展针对县、乡、村技术人员和农民的二级培训 3 502期，培训 22 万人次，广泛传播了红火蚁防控技术。

（四）开展植保植检多边（双边）合作

1. 中俄联合开展马铃薯甲虫监测治理

根据中国农业农村部和俄罗斯农业部签订的谅解备忘录确定的合作方向和形式，按照农业农村部种植业管理司要求，全国农业技术推广服务中心通过邮件等交流渠道，与俄方会商研究了 2022 年工作计划，包括信息宣传、技术培训、联合监测、信息交换、预警通报、工作总结等工作内容，并优化信息交流表格，确定了田间调查采集数据、信息交换频率和时间。

2. 实施治蝗国际合作

继续开展中哈合作治蝗，通过加强边境蝗情监测调查，6—8 月，及时与哈方交换边境蝗情信息，加强边境蝗虫的监测预警，确保境外蝗虫不迁入我国为害。按计划推进中英牛顿基金国际合作项目“蝗虫遥感监测预警与防控技术”，研发蝗虫遥感预警与防控技术，进一步提升蝗虫监测防控水平。

3. 实施中韩水稻迁飞性害虫与病毒病监测合作项目

2021 年是全国农业技术推广服务中心与韩国农村振兴厅签订《中韩水稻迁飞性害虫与病毒病监测合作项目第四期合作协议（2018—2022 年）》的第四年，双方通过监测点管理、专家讨论、病虫情况交流、视频工作会议等方式加强沟通、深度合作，顺利完成年度任务，达到了预期效果。

（1）开展虫情监测与信息交流。根据项目合作协议，3 月安排部署监测任务，其中浙江嘉兴市，广西灵川县、广东恩平市、福建同安区、江西万安县、湖南芷江县、江苏姜堰区、上海浦东新区植保站（农技中心）8个监测点在4—6月监测水稻黏虫性诱发生动态；广东仁化县、福建同安县、江西万安县、浙江诸暨市植保站（农技中心）4个监测点在4—8月监测草地贪夜蛾灯下、田间发生数量发生动态，在发生高峰期采集样本2～3次；广西灵川县、广东恩平市、福建同安区、江西万安县、湖南芷江县、浙江诸暨市植保站（农技中心）6个监测点在5—8月监测褐飞虱、白背飞虱、稻纵卷叶螟的灯下、田间发生虫量，且在发生高峰期采集样本2～3次；浙江嘉兴市，江苏姜堰区、上海浦东新区、安徽庐江县植保站（农技中心）4个监测点在5—6月监测灰飞虱灯下、田间发生数量发生动态，在发生高峰期采集样本2～3次；江苏姜堰区植保站在6月监测水稻条纹叶枯病的发生情况并采样。为增强项目实施效果，我中心4—8月每周通过电子邮件等方式将中国9省份10个监测点的数据及时发送给韩国农村振兴厅，提高了两国对水稻迁飞性害虫的早期预见性和综合防控能力。

（2）召开2021年度视频工作会议。按照合作协议及年度工作计划，全国农业技术推广服务中心和韩国农村振兴厅于11月18日联合召开了2021年度工作总结视频会议，并邀请越南有关专家参加此次会议。双方认真总结2021年度项目研究进展，充分肯定了中韩项目实施21年来不仅促进两国植保科技进步，而且为监测防控迁飞性害虫和水稻病毒病提供了关键的科技支撑，更为保障双方国民口粮安全和农业生产稳定发展作出积极贡献。经商议，双方认为2022年要进一步加强合作交流、拓宽合作渠道、扩大合作范围。一是商讨疫情常态化应对策略。2021年中韩项目在一定程度上受到了新冠肺炎疫情的影响，人员互访受限、样本邮寄受阻，双方根据各国情况认真考量、充分交流，深入优化合作机制，完善疫情应对方案，为推动项目取得更多的成果作出更大的贡献。二是力争本期项目有创新成果。通过中韩双方的长期合作，水稻“两迁”害虫从我国沿海地区迁飞至韩国的路径也已经摸透，但秋季由韩国向中国回迁路径还未明确，通过研究分析第四期项目执行期间韩国田间数据，对水稻“两迁”害虫和草地贪夜蛾回迁轨迹开展研究，以期明确两国间北迁南回的完整迁飞格局，加强对其的监测预警。三是扩大合作范围。2022年是完成第四期合作、开启第五期合作的关键节点。建议在谋划第五期合作计划时，考虑将中、韩、越三方共同纳入合作国家，以站在整个东亚迁飞场的宽阔视野、采用更先进的技术手段，高质量地开展联合监测、信息共享、人员互访和技术交流，让中韩项目的成功范例发挥更大的作用。

（五）作为东北亚示范国家实施全球草地贪夜蛾防控行动

2019年12月，联合国粮农组织（FAO）发起了“全球草地贪夜蛾防控行动”，以确保在国家、地区和全球等各个层面采取有力措施，来展示推广新技术和有害生物综合治理（IPM）策略，达到可持续治理草地贪夜蛾的目的。中国作为八个全球示范国家之一，负责在东北亚地区组织和协调草地贪夜蛾防控行动，分享经验技术并支持朝鲜、日本和韩国3个试点国家的防控行动。全国农业技术推广服务中心作为全球草地贪夜蛾防控行动的中国联络点，一直保持与FAO植物生产与保护司暨“全球草地贪夜蛾防控行动”秘书处以及FAO驻中国和朝鲜代表处的联系沟通，严格按照与FAO签订的合作协议执行项目，顺利完成既定目标和任务，取得明显成效。

1. 制定东北亚地区草地贪夜蛾IPM策略

在了解草地贪夜蛾生物学行为和发生原理的基础上，吸取防治棉铃虫等其他重要农业害虫的实践经验，综合考虑FAO全球IPM战略、中国各地的防控实践和最佳防控技术组合，结合东北亚地区其他3个国家监测防控草地贪夜蛾的做法，制定了东北亚地区草地贪夜蛾IPM策略。

（1）中国境内的分区防控策略。即在西南和华南周年繁殖区，抑制当地害虫种群，减少迁徙个体数量，根据南方地区植被多样性和天敌资源丰富的特点，应充分利用生态调控措施；在江南和江淮迁移过渡区，减少迁移个体的数量，在春末夏初入侵扩散地区进行大规模统一防治，提高防治效率；在黄淮海和华北重点防范区，加强监测预报，密切关注玉米苗期至吐丝期草地贪夜蛾的发生和为害情况，在草地贪叶蛾监测结果的基础上，在集中降落区采取光诱法和性诱法等物理防治措施，虫害严重的地区采用药剂防治三龄前幼虫，在关键时期做好化学农药的应急使用准备。

（2）东北亚地区的联合监控策略。受东亚迁飞场盛行风向的影响，草地贪夜蛾可能由缅甸、泰国和印度迁入中国。中国首批草地贪夜蛾从缅甸迁移而来，6月和7月是草地贪夜蛾进行长途迁飞的有利时机。近年来，中国草地贪夜蛾于3月开始从西南华南周年繁殖地区向北迁飞，春季4—5月到达长江流域以及秦岭淮河地区，在夏季7—8月迁飞到中国的华北平原或者日本和韩国的南部地区。草地贪夜蛾具备跨洋、跨界迁飞的能力，可以飞越渤海和南海赴朝鲜、韩国、日本，因此，东北亚4国的监控重点是根据是气候、地形、大气环流等因素，解析草地贪夜蛾跨区迁飞途径。基于以上迁飞规律，制定了东北亚地区草地贪夜蛾控制目标，即通过中国的大力防控，将草地贪夜蛾的主要为害区域控制在中国西南、华南等非玉米主产区，大部分发生区百株虫量控制在10头以下。近3年实践来看，中国成功地压低了整个东北亚区域草地贪夜蛾的种群数量，延缓了其北扩速度，减轻了朝鲜、韩国、日本3个试点国家的发生程度。

2. 制定并执行两年工作计划

协调政府机构、研究和学术机构以及省级利益相关方，制定了在东北亚地区实施草地贪夜蛾控制的两年工作计划（2020—2021），并在2021年全部顺利完成。

（1）组织东北亚区域协调会。2021年3月，组织召开联合国粮农组织全球草地贪夜蛾防控行动东北亚区域第一次协调会。FAO植物生产与保护司项目官员、FAO驻亚洲及太平洋区域办事处及驻东北亚各国代表，中国、菲律宾、日本、韩国、朝鲜的国家联系人和专家共计20余人参会。协调会上，FAO植物生产与保护司司长兼草地贪夜蛾全球防控行动秘书处秘书长夏敬源宣布东北亚区域草地贪夜蛾联合防控协调行动正式启动。全国农业技术推广服务中心作为东北亚区域示范国家联络点，表达了积极承担示范国家任务、加强与周边国家的交流与合作、共同提升全球草地贪夜蛾监控水平的意愿和倡议。中国、菲律宾分别作为东北亚、东南亚区域示范国家作报告，分享本国防控对策和区域示范经验；日本、韩国、朝鲜作为东北亚区域试点国家，分别介绍本国草地贪叶蛾发生与防控进展。

2021年9月，组织召开联合国粮农组织全球草地贪夜蛾防控行动东北亚区域第二次协调会在线会议。中方项目负责人、FAO植物生产与保护司项目官员、FAO驻亚洲及太平洋区域办事处及驻中国和朝鲜代表处官员、东北亚区域三国（朝鲜、日本和韩国）代表和有关专家共计20余人参会。全国农业技术推广服务中心代表中方介绍了中国防控草地贪夜蛾的措施和经验，项目执行团队介绍了中国作为示范国家制订的两年行动计划和东北亚区域综合防控策略，相关技术专家分别从生物学和迁飞学的角度介绍了中国在东亚区域草地贪夜蛾监测防控方面取得的科研成果和技术进展。朝鲜、日本和韩国分别介绍了本国草地贪夜蛾发生与防控情况。与会代表围绕两年行动计划和区域防控策略进行了讨论。FAO植物生产与保护司司长兼草地贪夜蛾全球防控行动秘书长夏敬源高度赞扬中国履行示范国家职责、引领区域性防控行动取得的成就。

（2）协调推进东北亚地区 IPM 策略。2021 年 6—7 月，制定草地贪夜蛾全球防控行动东北亚地区 IPM 策略，该策略充分吸收了中国分区施策、IPM 策略，包括种子处理、生态控制、生物防治、性诱捕杀、灯光诱杀、施药防治等 IPM 措施，以及如何协调东北亚地区 4 个国家，因地制宜实施不同防控措施。

（3）组织举办技术培训、现场观摩会和宣传活动。2021 年 10 月，在云南举办草地贪夜蛾全球防控行动东北亚地区技术培训班和示范现场观摩会。东北亚地区实施草地贪夜蛾全球防控行动的观察员、FAO 驻中国和朝鲜代表处代表文康农和项目官员傅荣参加培训活动，我国 22 个省份的植保植检机构负责草地贪夜蛾测报工作的技术人员共 86 人参加培训学习，中国农业科学院植物保护研究所等科研教学单位专家作有关草地贪夜蛾雷达监测、迁飞路径、调查规范、信息填报等监测技术讲座，总结了近 3 年草地贪夜蛾预测预报工作取得的技术进展。会议组织了草地贪夜蛾监测防控技术现场观摩活动，相关专家和企业展示了昆虫雷达、高空灯、测报灯、性诱剂、食诱盒等先进实用监测设备和产品，并进行无人机撒施夜蛾黑卵蜂、叉角厉蝽等天敌产品和新型颗粒剂的现场演示，应用效果受到大家一致好评。

此外，聘请专业拍摄和制作团队，拍摄记录了中国举办的草地贪夜蛾培训班、监测防控技术示范展示现场，并赴云南多个试验基地拍摄昆虫雷达、高空灯、测报灯、性诱、食诱、天敌、化学防治等监测防控技术措施。2021 年 12 月制作完成《世界看东北亚：如何监控草地贪夜蛾》宣传片，在 2021 年 FAO 全球行动（FAW-GA）亚洲和远东北非地区年度会议播放，宣传片受到各方一致好评（图 6－1）。

（4）建立东北亚地区信息交换和联合监控机制。2021 年 3—12 月，通过东北亚区域协调会在线会议，东北亚 4 个国家采取专人负责、邮件定期交流、适时启动出国团组进行技术交流和田间考察等方式，建立中国、日本、韩国、朝鲜国家间联合监测、信息共享、技术交流、协调防控机制，有效防控本国草地贪夜蛾为害，减轻或阻止草地贪夜蛾在东北亚相邻国家的扩散蔓延。

2021 年 12 月，中国作为东北亚地区示范国家，向 FAO 草地贪夜蛾全球防控行动秘书处及 FAO 驻中国代表处提交了东北亚地区实施草地贪夜蛾全球防控行动的情况汇报，总结新技术和 IPM 推广经验，为草地贪夜蛾国际合作和区域推广提供技术参考和行动建议。

图 6-1 《世界看东北亚：如何监控草地贪夜蛾》宣传片拍摄及展示

附　录

2021年全国植保植检工作大事记

1月13日，农业农村部召开红火蚁防控工作研讨会，邀请住房和城乡建设部、交通运输部、水利部、卫生健康委、海关总署、国家林草局、国家铁路局、国家邮政局八个部门共同研讨红火蚁防控工作。

1月13日，全国农业技术推广服务中心正式向农业农村部种植业管理司行文，上报2020年全国农作物病虫害绿色防控覆盖率统计结果，为41.5%，较上年提高4.48个百分点。

1月20日，《农业农村部办公厅关于下达2021—2022年度国家救灾农药储备任务的通知》印发。

1月26日，农业农村部办公厅印发《2021年全国“虫口夺粮”保丰收行动方案》。

2月20日，《农业农村部种植业管理司关于做好国家救灾农药储备动用投放工作的通知》印发。该通知对提出储备动用申请、下达储备投放任务、按时投放储备农药等提出明确要求。

2月26日，农业农村部启动2021年重大病虫害发生防控周报制度，对小麦条锈病、草地贪夜蛾发生和防控情况实行每周一报。

3月2日，国务院总理李克强对全国春季农业生产工作电视电话会议作出重要批示，要求做好病虫害防控工作。

3月4日，农业农村部种植业管理司会同全国农业技术推广服务中心召开9省区网络会商会，掌握小麦条锈病和草地贪夜蛾发生防治情况，分析发生发展趋势，研讨防控对策措施。

3月10日，农业农村部邀请海关总署、国家林草局召开座谈会，研究制定国际植保公约植物检疫措施委员会第十五届会议（CPM15）参会方案。

3月15日，农业农村部、住房和城乡建设部、交通运输部、水利部、卫生健康委、海关总署、国家林草局、国家铁路局、国家邮政局等九部门联合印发《关于加强红火蚁阻截防控工作的通知》。

3月16日，农业农村部种植业管理司副司长朱恩林率团参加联合国粮农组织（FAO）植物检疫措施委员会（CPM）第十五届会议（即《国际植物保护公约》第十五届缔约方大会）。会议以视频方式举行，中国代表团由农业农村部、海关总署、国家林草局、香港渔农自然护理署、澳门市政署等有关部门人员组成。

3月26日，农业农村部等九部门在广东省广州市增城区举办全国红火蚁联合防控行动启动仪式。

3月28日—4月2日，全国农业技术推广服务中心与南京农业大学植物保护学院共同举办了第四十三期全国农作物病虫测报技术培训班。

3月30日，农业农村部召开全国农作物重大病虫害防控工作视频会。张桃林副部长出席会议并讲话。

3月31日，全国农业技术推广服务中心联合中国农药工业协会、中国农药发展与应用协会、植保中国协会在河南省许昌市举办2021年全国科学安全用药培训启动仪式。

3月31日，全国农业技术推广服务中心作为草地贪夜蛾东北亚地区示范国代表，参加联合国粮农组织召开的全球草地贪夜蛾防控行动东北亚区域第一次协调会（视频会），分享中国防控对策和区域示范经验。

4月8日，全国农业技术推广服务中心组织小麦中后期重大病虫害发生趋势网络会商。

4月13日，农业农村部种植业管理司会同全国农业技术推广服务中心在河南省召开小麦条锈病防控现场观摩会。

4月16日，农业农村部在安徽省召开小麦赤霉病防控现场会。

4月20日，农业农村部办公厅印发《全国农业植物检疫性有害生物分布行政区名录》。

4月22日，农业农村部发布《农作物病虫害专业化防治服务管理办法》（农业农村部公告第417号），自2021年5月1日起施行。

4月30日，农业农村部印发明电《农业农村部办公厅关于开展红火蚁防控部门联合调研指导的通知》。

5月11日，农业农村部种植业管理司印发《关于开展豇豆安全用药调研指导的通知》。

5月18—20日，全国农业技术推广服务中心在山东省夏津县举办小麦茎基腐病科学防控技术培训班。

5月21日，农业农村部印发明电《农业农村部办公厅关于做好小麦收获期赤霉病防控工作的紧急通知》，部署小麦后期田间管理和赤霉病防控工作。

5月23日，全国农业技术推广服务中心在广州市组织召开2021年早稻病虫害暨草地贪夜蛾发生趋势会商会。

5月28—31日，全国农业技术推广服务中心在安徽省宿州市举办小麦作物健康与提质增产技术培训班。

6月3日，农业农村部种植业管理司会同全国农业技术推广服务中心召开草地贪夜蛾发生形势会商会，邀请吴孔明院士等草地贪夜蛾监测防控专家指导组成员及云南、广西植保站主要负责人，分析研判草地贪夜蛾发生形势，研讨夏玉米主产区防控对策措施。潘文博司长主持会议并讲话。

6月16日，《农业农村部农药管理司关于加强豇豆、韭菜、芹菜科学安全用药指导工作的通知》印发。该通知要求各地农业农村部门要严格落实属地责任，加强科学用药指导，开展安全用药培训，切实提升豇豆、韭菜、芹菜质量安全水平。

6月29日，农业农村部在湖南省常德市召开长江流域草地贪夜蛾防控现场会，交流当前草地贪夜蛾发生防控情况，分析研判今后发生趋势，观摩“三区四带”布防和统防统治作业现场，进一步部署草地贪夜蛾阻击防控工作。

7月6—7日，全国农业技术推广服务中心在贵州省瓮安县举办全国茶叶病虫害绿色防控技术培训班。

7月12—13日，全国农业技术推广服务中心在哈尔滨市组织召开2021年全国玉米中后期和中晚稻重大病虫害发生趋势会商会。

7月12—14日，全国农业技术推广服务中心在甘肃省张掖市举办蔬菜病虫害绿色防控暨植物源农药应用技术培训班。

7月19—21日，农业农村部在河南省郑州市召开黄河流域草地贪夜蛾防控现场会，对黄河流域地区草地贪夜蛾监测与防控工作进行再动员再部署。

8月1日，农业农村部种植业管理司会同全国农业技术推广服务中心组织中国农药工业协会、中国农药发展与应用协会、植保（中国）协会等行业协会，对河南省受灾地区捐赠农药460多吨，价值3 614万元。

8月12日，农业农村部种植业管理司会同全国农业技术推广服务中心召开全国秋粮重大病虫害防控视频会，交流水稻、玉米、马铃薯等秋粮作物主要病虫害发生防治情况，部署秋粮重大病虫害防治工作。

8月20日，农业农村部种植业管理司印发《关于开展全国植物保护体系现状调研的通知》，邀请全国人大代表、政协委员、有关专家等组成8个调研组，赴16省开展植保体系现状调研。

8月30日，农业农村部种植业管理司印发《关于加快制定"三棵菜"主要病虫害绿色防控技术规程的通知》，对"三棵菜"绿色防控技术规程制定作出安排。

9月23—24日，农业农村部种植业管理司会同全国农业技术推广服务中心在河北省石家庄市召开小麦秋播拌种暨秋粮重大病虫防控现场会，分析病虫发生形势，安排部署药剂拌种和秋粮病虫害防控工作。

9月24日，全国农业技术推广服务中心作为草地贪夜蛾东北亚地区示范国代表，参加联合国粮农组织召开的全球草地贪夜蛾防控行动东北亚区域第二次协调会（视频会）。

10月12日，农业农村部在海口市召开全国红火蚁秋季防控现场会，总结前期红火蚁防控工作成效和经验，分析研判红火蚁发生态势，对秋季集中防控工作再动员、再部署。

10月19日，农业农村部种植业管理司会同全国农业技术推广服务中心召开全国农作物病虫害专业化防治服务推进会，总结专业化防治服务发展成效，探讨交流专业化防治服务措施，研究部署下一步重点工作。

10月25日，农业农村部公布第一批200个全国农作物病虫害绿色防控示范县和100个统防统治百强县。

10月25—27日，全国农业技术推广服务中心在云南省大理市举办草地贪夜蛾监测技术培训班。

10月28日，全国农业技术推广服务中心发文启用农作物病虫害绿色防控覆盖率填报系统，并安排2021年全国农作物病虫害绿色防控覆盖率报送工作，第一次将绿色防控覆盖率数据纳入全国植物保护统计，标志着绿色防控覆盖率测算统计经过多年探索，正式走上正轨。

11 月 18 日，全国农业技术推广服务中心组织召开中韩水稻迁飞性害虫及病毒病监测合作项目年度总结视频会。

11 月 25 日，全国农业技术推广服务中心举办第十八期全国农区鼠害监测防控技术网络培训班。

12 月 7 日，全国农业技术推广服务中心组织召开 2021 年全国农业有害生物抗药性风险评估与治理视频会议。

12 月 8—9 日，全国农业技术推广服务中心组织召开 2022 年全国农作物重大病虫害发生趋势网络会商会。

12 月 14—16 日，全国农业技术推广服务术中心与中国农业科学院植物保护研究所共同举办棉花病虫害测报防治技术在线培训班。

12 月 15 日，农业农村部举办全国植保植检法律法规宣贯视频培训班，邀请全国人大法制工作委员会等单位相关专家，重点宣贯《生物安全法》《农作物病虫害防治条例》《植物检疫条例》，解读《农作物病虫害监测与预报管理办法》《农药包装废弃物回收处理管理办法》，帮助相关人员增进对植保植检法律法规理解，增强法治意识，推进依法防病治虫、依法防疫检疫、依法行政履职。

12 月 20—21 日，农业农村部种植业管理司会同全国农业技术推广服务中心在线召开农作物病虫害防控总结暨绿色防控技术培训会。

12 月 24 日，农业农村部唐仁健签发部长令，发布《农作物病虫害监测与预报管理办法》，自 2022 年 1 月 24 日起施行。

12 月 24 日，全国农业技术推广服务中心以线上线下相结合的方式组织召开专家组会，审定通过《农作物病虫害监测工具技术参数及性能要求（送审稿）》。

图书在版编目（CIP）数据

2021年中国植保减灾发展报告 / 农业农村部种植业管理司，全国农业技术推广服务中心编. —北京 ：中国农业出版社，2023. 10

ISBN 978-7-109-31248-7

Ⅰ. ①2… Ⅱ. ①农… ②全… Ⅲ. ①作物－病虫害防治－发展－研究报告－中国－2021 Ⅳ. ①S435

中国国家版本馆CIP数据核字（2023）第189218号

中国农业出版社出版

地址：北京市朝阳区麦子店街18号楼

邮编：100125

责任编辑：杨彦君 阎莎莎

版式设计：王 晨 责任校对：吴丽婷

印刷：中农印务有限公司

版次：2023年10月第1版

印次：2023年10月北京第1次印刷

发行：新华书店北京发行所

开本：889mm×1194mm 1/16

印张：8.5

字数：150千字

定价：78.00元